扛起责任
胜在执行

申俊霞 编著

煤炭工业出版社

·北京·

图书在版编目（CIP）数据

扛起责任　胜在执行／申俊霞编著．－－北京：煤
炭工业出版社，2018

ISBN 978 - 7 - 5020 - 6841 - 7

Ⅰ. ①扛…　Ⅱ. ①申…　Ⅲ. ①职业道德—通俗读物
Ⅳ. ① B822. 9 - 49

中国版本图书馆 CIP 数据核字（2018）第 194502 号

扛起责任　胜在执行

编　　著	申俊霞
责任编辑	高红勤
封面设计	荣景苑

出版发行　煤炭工业出版社（北京市朝阳区芍药居 35 号　100029）
电　　话　010 - 84657898（总编室）　010 - 84657880（读者服务部）
网　　址　www. cciph. com. cn
印　　刷　永清县晔盛亚胶印有限公司
经　　销　全国新华书店

开　　本　880mm×1230mm$^1/_{32}$　印张　$7^1/_2$　字数　200 千字
版　　次　2018 年 9 月第 1 版　2018 年 9 月第 1 次印刷
社内编号　20180357　　　　定价　38.80 元

前　言

　　有一位企业家说："职员必须停止把问题推给别人，应该学会运用自己的意志力和责任感，着手行动，处理这些问题，让自己真正承担起自己的责任。"

　　在工作和生活中，有些人总是抱着付出少、获取更多的思想行事。在这种情况下，不负责任的问题就出现了。如果他们能够花点时间仔细考虑，就会发现，人生的因果法则首先排除了不劳而获。因此，他们必须要为自己身上所发生的一切负责。换句话就是要对自己负责，要做一个负责的人。

　　当然，有责任，还需要有执行力。一个企业的成功，需要每位员工都能及时地一丝不苟地去执行。没有执行，一切都是空想、空谈，一切完美的目标与计划都会夭折。每个人都不缺乏成功的渴望与梦想，真正需要的是把梦想变成行动，把行动变成结果的执行力。执行力是获得成功的必要保障。

现代社会中，我们所面临的一个最大问题就是没有执行力。比尔·盖茨说："在未来的10年内，我们所面临的挑战就是执行力。"杰克·韦尔奇说："管理者的执行力决定企业的执行力，个人的执行力则是个人成功的关键。关注执行力就是关注企业和个人的成功！"

事业的辉煌，需要我们通过执行去获得，我们不能做语言上的巨人、行动上的矮子，而应当不断提高自己的执行力，轻松应对职场变化，解决各种问题，以最快的速度、最短的时间、最少的投入、最高的效率，将每一项工作都出色地执行到位。

本书是一本适合个人发展和团队培训的实用读物，如果你能把本书所提示的各种能力磨炼整合，真正为己所用，就一定能提高效率，实现目标，尽享事业成功与辉煌！

目 录

|第二章|

细节决定成败

目　录

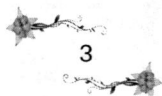

|第四章|

全力以赴，做到最好

|第五章|

胜在执行

|第六章|

把工作做到“零缺陷”

第一章

扛起责任

用心，你将发现生活更美

工作和生活永远是我们人生的两大组成部分。

工作可以实现我们的价值，工作可以让我们的生活更有品质，无论你是老板还是员工，没有工作就没有收入，甚至无法在这个世界上生存，所以我们不但要用力工作，更要用心工作。

毛主席说："世界上怕就怕'认真'二字。"无论做什么事，只要用心了，认真了，就没有做不到的。

经常看到很多上班族在抱怨自己为什么不能升职，老板总是不给自己加薪，认为自己已经很努力了，每天起早贪黑，却得不到赏识，而另外一些人却在不知不觉中被提升。诚然，或许你真的很努力了，或许你比所有人都勤奋了，但你是否真的用心了呢？用心不只是努力，还要学会动脑，做出一些别人所不能做到的事，当然会被老板另眼相看了。

只会用力工作的人也会把老板交代下来的任务一丝不苟地完成，这样的员工自然是好员工，但是却不够优秀；而用心工作的人不但会把老板交代的工作完成，还会进一步替老板着想，把老板没有分派的很多任务提前完成。试想一下，如果自己就是一个老板，会喜欢哪样的员工呢？现代社会的竞争非常激烈，"无过便是功"的年代早已一去不复返了，"无功便是过"已经成为主流，安安分分地做一个螺丝钉虽然不会被解雇，但想要出人头地却是难上加难，想要脱颖而出就必须要学会用心。

用力可以把工作做对，用心才能把工作做好！

用力工作和用心工作之间存在着很大的差别，把该做的工作做完，这是很用力；但是要想成为一名优秀的员工，就必须要用心。只有全身心地投入到工作中去，才能发挥出自己最大的潜能。著名的潜能开发大师安东尼·罗宾认为，每个人的潜能都是巨大的，甚至是无限的，但是却只有很少的一部分人把自己的潜能开发了出来，绝大多数人都把自己的这些能量原封

不动地带到了坟墓中，而用心就是开发潜能最重要的环节。

可能有很多人也想把事做好，也想用心，但是却不知道该如何去做。让我们来看以下几个小故事，你或许可以从中得到一些启发。

曾经有一名机械师，他的手艺很好，但是他现在上了年纪，想在家中安享生活，于是他跟老板说自己想退休了，老板觉得失去这么好的员工感到很可惜，但是机械师的态度很坚决，于是老板提出了最后一个要求——让他再组装最后一辆汽车，机械师勉强答应了。但是机械师的心却不在这里了，最后一辆汽车的工艺非常差，完全不像出自机械师之手，最后老板无奈地对机械师说："这辆车就送给你，作为你退休的礼物吧！"在这一刻，机械师感到很羞愧，他也不敢相信这居然是自己组装出来的汽车，他完全没有用心。更讽刺的是，以后他还要开着这辆车。

其实，用心就是一种付出，不要吝啬自己的付出，没有付出哪有收获，得与失之间往往只有一念之差。每当抱怨自己受到不公正待遇的时候，首先应该想一想在之前的日子里，自己是否用心地做了每一件事，不要总是等到后悔的时候才恍然大悟，用心就要从付出开始。

一个小和尚担任撞钟一职，每天都能按时撞钟，但半年下来主持却很不满意，就调他到后院劈柴挑水，说他不能胜任撞钟一职。

小和尚很不服气地问："我撞的钟难道不准时、不响亮？"

老主持耐心地告诉他："你撞的钟虽然很准时，也很响亮，但钟声空泛、疲软，没有感召力。钟声是要唤醒沉迷的众生，而我却没有听到这样的声音。"

小和尚不过是"做一天和尚撞一天钟"而已，并没有融入一颗"唤醒众生"的心。

从这个故事中，我们可以体会到用心是要感悟的。同样是一座钟，不同的人可以敲出不同的境界来，不同的钟声中就可以反映出一个人用心的程度。不懂得感悟，就无法超脱，无法到达理想的彼岸。

从前有两个农夫，分别住在相邻的两座山上，中间有一条小河，他们每天都要来到山下挑水，久而久之，两人便成了朋友。五年的时间很快过去了，有一天，东边这座山上的农夫来挑水的时候，发现他的朋友并没有来。一连几天过去了，西边山

上的农夫一直都没有出现，东边的农夫觉得他的朋友可能是生病了，于是一个月后，他便到了西边的山上来看望朋友，但是他看到的却不是朋友生病的画面，而是朋友在和自己的孩子玩耍的温馨场面。他感到非常的困惑，难道他们不用喝水吗？朋友告诉他，自己在这五年时间里，一边挑水，一边挖井，不管再忙，每天也要挖一会儿，现在已经挖出井水了，不用再跑那么远去挑水了。由于有了更多的时间和水，又多种了很多庄稼，现在不但衣食无忧，还可以有更多的时间跟家人在一起了。

从这个故事中我们可以得到很多启发：首先，用心就是要有计划，计划好了，才有明确的奋斗方向，不至于像没头的苍蝇一样到处乱撞，不知道明天该做什么；其次，用心就是要有长远眼光，不要总是顾忌眼前的蝇头小利，多为自己将来想一想，看得越远，将来的道路就越平坦；最后，用心就是要坚持不懈，没有这样的精神和毅力，所有的计划和眼光都将成为空谈。

用心还体现在我们全神贯注在当下，毫无杂念。不管做什么事，毫无杂念、全神贯注地去执行、去体验，那么你往往能够得到更多。

有这样一个很有名的关于禅的故事：

　　一个弟子来到师父跟前，请求师父开释生命的智能。师父对这焦急的弟子注视了一会儿，然后拿起毛笔写下"用心"二字。弟子不解，着急地请师父解释，师父又写了一次"用心"。这时，年轻的弟子又颓丧又生气，完全无法理解师父要教给他的道理。于是，师父再次耐心地写着："用心……用心……用心。"

　　用心不光要用在工作上，其实生活中的每一件事都值得我们用心去做。心灵是人类力量的发源地，只有用心才能真正地把自己展现出来。用心看似很难，但只要每一天点点滴滴地去做，用心去做，其实，必将发现，你完全可以过得更好，你的人生也必将变得更加充实、富足而美好！

用心把工作做到最好

要想把自己的本职工作做到最好，并不在于自身的才华有多高，而在于这个人是否真正地用心去做这件事。当他全身心地投入这件事时，做好也只是时间的问题。

小马大学毕业后到一家广告公司工作，报到的那一天，他对经理说的第一句话是要求专业对口，而且"充分注意到我的特长"。这位在大学美术系专业成绩不错的人，坦率地要求到广告设计部门工作，这样才能发挥他的优势。

可是，公司经理首先让他到业务部门实习，过了试用期后再决定。小马听了以后很不开心，认为到业务部门难以发挥他的特长，因而到了业务部门后，他既不安心工作，又不虚心学习，结果给人留下了"工作态度差，能力欠缺"的印象。

许多刚参加工作的人容易犯的一个"毛病"就是好高骛远，忽视做"打水扫地"这样零碎的工作，认为这是"大材小用"。老想做大事，结果经验缺乏，常常碰壁。实际上，人的特长应当成为适应环境的"催化剂"，而不该成为挑剔工作的"资本"。

有一位成功者这样说道："用心将自己的本职工作做好，不管运用什么方法，总是为客户着想，为公司着想，尽量让客户享受到最优质的服务，让公司获得最大化的价值。"这句话体现了一个员工对工作的责任、热情和负责的良好职业精神。

魏诚和张立同在一家公司工作。魏诚工作认真负责，很是用心，几乎不浪费一分钟时间，而且还积极加班加点。张立则敷衍了事，得过且过，漫不经心，工作中偷懒是常有的事，虽然他工作能力比魏诚还强，但他总是不用心去做，因此工作中的失误接连不断，给客户更给公司造成了重大损失。后来老板再也无法忍受这种空有一腹才华却毫不用心的人，毅然辞退了张立，留下了才能一般，却工作认真、用心的魏诚。

这个例子正好说明了：在职场当中，才能固然是工作中非常重要的因素，也是老板很看重的一个方面；但是否用心去做事也是老板衡量一个人是否优秀的重要准则。职场中有很多员工，他们总是抱着"难得糊涂"的心态做事，凡事讲究过得去就行，而从来不去追求完美。其实，这是不用心的表现。一个用心工作的人总能站在公司的立场上去做事，他会尽心尽力将工作做到最好，他会想方设法为公司节省每一笔开支，力求用最小的投资换来最大的价值。

有很多人，他们整天浑浑噩噩地工作，缺乏创造性、积极性，抱怨待遇不好、工作环境不好等，却从不从自己的身上找原因。其实，只要在工作中加入自己的创意和热情，并且用心去做，那么，任何人都能做出一番不错的成绩来。

也有一部分人，他们对自己的工作总是感觉到枯燥乏味，体会不到激情，这同样是因为他们没有用心去做，没有认识到工作的更高意义和价值；只是一味地为工作而工作，把工作当成了养家糊口的工具，没有深刻认识到工作其实不仅仅是生存的工具，也是体现一个人价值和意义的重要舞台。所以，只有用心去工作，才能将工作做好，才能在平淡无奇中挖掘出新意，才能创造出更高的价值。

有这样一个年轻人，在一家大型建筑公司工作，他的上司是一位刚刚被提拔的年轻经理。这个经理所承受的压力是非常巨大的。在这样的人身边做事，总是会让人感到压抑和紧张。这个年轻人虽然总是小心翼翼，却还是难免犯错。有一次，年轻人为董事会准备资料，他很熟练地整理了一下从各部门呈上来的报表，然后很快做出一份上交资料。但是当他把这个资料交给经理，经理用眼一扫之后，就说了一句话："看来就是没有用心。"年轻人很不服气，觉得自己做得已经很好了，虽然不敢说最好，但至少还是比较好的，他不明白为什么经理都没有好好看一下就下这样的评论，他很气愤地说："经理，为了写这个材料，我已经好几天没有按时吃晚饭了。"总经理听了后说道："是吗，但是你虽然花费了时间，却没有成效，只能说明你没有用心，你自己看看吧！里面有几个数据根本就不正确，另外还有几个错别字。"

是啊，速度再快、工作再累，当你不用心做事时，所有的努力都将变得一文不值。工作不用心的人总是在敷衍，而不去从根本上解决问题，这样的员工自然难以将工作做好，也就难以得到老板的喜欢。用心去工作的员工才能得到老板的赏识，

才能成为老板的得力干将。

所以，只有用心去工作，你才会发现工作的无限乐趣和意义，就会产生许多好的创意和想法，就会有更高的工作效率，为公司创造更多的利润。

安德鲁·卡内基虽然被称为"钢铁大王"，但其实他对钢铁制造业并不是十分了解，反而是他手底下的数千名员工，对钢铁制造业要比他在行得多。

卡内基之所以能够致富，是因为他懂得与人的相处之道。少年时代，他就表现出了卓越的组织本领和领导才能。10岁左右，他通过这样一件事发现小伙伴们都很重视自己的名字。

卡内基曾经抓到过一只雌兔，不久，这个雌兔就生了一窝小兔子，可是他找不到可以喂小兔子吃的东西。

他灵机一动，想出了一个好主意。他对周围的小伙伴们说："你们谁能采到苜蓿和蒲公英来把小兔子喂饱，我就用谁的名字来给小兔子命名。"

这招真是太管用了，小朋友们纷纷抢着寻找东西来喂小兔子。

多年后，卡内基运用同样的技巧经营着各项事业，而且事业蒸蒸日上。

　　安德鲁·卡内基有着很强的记忆力，并且非常重视朋友和生意伙伴的名字，这些都是他成为领袖人物的原因所在。他能叫出很多工人的名字，并引以为傲。他经常得意地说，自己亲自管理公司业务的时候，从来没有出现过影响钢铁生产的罢工事件。

　　在美国的塔吉特公司就发生过这样一件事：

　　肯·J.皮特原是一名银行的普通职员，后来受聘于一家机器公司。工作了六个月之后，他想试试是否有提升的机会，于是直接写信向老板杜兰特毛遂自荐。老板给他的答复是"任命你负责监督新厂机器设备的安装工作，但不保证加薪。"肯·J.皮特没有受过任何工程方面的训练，根本看不懂图纸。但是，他不愿意放弃任何机会。于是，他发挥自己的领导才能，自己花钱找到一些专业技术人员完成了安装工作，工期提前了一个星期。结果，他不仅获得了提升，薪水也增加了10倍。

　　"我知道你看不懂图纸，"老板后来对他说，"如果你随便找一个理由推掉这项工作，我可能会让你走。"

　　肯·J.皮特退休后担任一家公司的顾问，年薪只有象征性的1万美元，但是他仍然不遗余力，乐此不疲，因为"不为薪水

而工作"已经成为他工作的一种习惯。一年以后，这家公司将他的年薪一下子提高到10万美元。

像肯·J.皮特这样"没有任何借口"做事的人，身上所体现出来的是一种服从、诚实的态度，一种负责、敬业的精神，一种完美的执行力。这样的员工正是老板最需要的。

那些把"没有任何借口"作为自己行为准则的人，他们拥有一种毫不畏惧的决心、坚强的毅力、完美的执行力以及在限定时间内把握每一分每一秒去完成任何一项任务的信心和信念。

因为借口只是失败的温床，工作中没有借口，人生中没有借口，失败没有借口，成功也不属于那些寻找借口的人！所以我们要学会给自己加码，始终以行动为见证，而不是编一些花言巧语为自己开脱。哪里有困难，哪里有需要，我们就要义无反顾地努力拼搏，直抵成功。

从现在开始，就让我们拒绝借口，勇于承担责任，勤勤恳恳地干好工作中的每一件事吧！

做得比别人完美

做事一丝不苟，意味着对待小事和对待大事一样谨慎。生命中的许多小事中都蕴含着令人不容忽视的道理，很少有人能真正体会到。那种认为小事可以被忽略、置之不理的想法，正是我们做事不能善始善终的根源，它导致工作不完美，生活不快乐。

"不积跬步，无以至千里；不积小流，无以成江海。"生命中的大事皆由小事累积而成，没有小事的累积，也就成就不了大事。人们只有了解到了这一点，才会开始关注那些以往认为无关紧要的小事，培养做事一丝不苟的美德，成为深具影响力的人。是否具备这项美德，足以让生命有天壤之别。

　　每一位老板都知道这项美德多么少见，找到愿意为工作尽心尽力、一丝不苟的员工，是多么困难的一件事。不良的作风在公司四处蔓延，而无论大事、小事都尽心尽力、善始善终的员工却是罕见。

　　尽管我们进行了多次社会改革，但思虑欠周、漫不经心、懒惰成性等恶习依然泛滥成灾。在庞大的失业队伍中，有相当多的人或多或少地沾染上了这些毛病。他们如果不能意识到自己的不足之处，并且努力加以改正的话，那么往往无法得到一份令人满意的工作。

　　"适者生存"的法并不是仅仅建立在残酷的优胜劣汰的基础上，而是基于公平正义，是绝对公平原则的一部分。若非如此，社会美德如何能发扬光大？社会又如何能取得进步？那些思虑不周与懒惰的人同那些思虑缜密、勤奋的人相比，有天壤之别，根本无法并驾齐驱。

　　一位朋友告诉我，他的父亲告诫每个孩子："无论未来从事何种工作，一定要全力以赴、一丝不苟。能做到这一点，就不会为自己的前途操心。世界上到处是散漫粗心的人，那些善始善终者始终是供不应求的。"

　　我认识许多老板，他们多年来费尽心机地寻找能够胜任工作的人。这些老板所从事的业务并不需要出众的技巧，而是需要谨慎、朝气蓬勃与负责地工作。他们聘请了一个又一个员工，却因为粗心、懒惰、能力不足、没有做好分内之事而频繁遭遇解雇。与此同时，社会上众多失业者却在抱怨现行的法律、社会福利和命运对自己的不公。

许多人无法培养一丝不苟的工作作风，原因在于贪图享受，好逸恶劳，背弃了将本职工作做得完美无缺的原则。

不久以前，我观察到一位努力恳求、终获高薪要职的女性，她才上任短短几天，便开始高谈想去"愉快地旅行"。月底时，她便因玩忽职守而遭到解雇。

正如两种事物无法在同一时间占据同一位置一样，被享受占据的头脑是无法专心求取工作的完美表现的。享乐应有适当的地点与时间，在应该全身心工作的时候，心中就不应该想到享乐这回事。那些一面工作、一面对个人的享乐津津乐道的人，只会将工作搞砸。

超越平庸，选择完美。这应该成为每个人一生的追求，在我们人类的历史上，曾经因为疏忽、畏惧、敷衍、偷懒、轻率等造成数不清的悲剧。而这些悲剧是完全可以避免的。

在宾夕法尼亚的一个小镇上，因为筑堤没有按设计图纸去

筑石基，结果导致决堤，全镇被水淹没，无数人被淹死。这种由于工作疏忽引起的悲剧，几乎在世界的每个角落都有发生。任何地方，都有人因为疏忽、敷衍、偷懒而犯下错误，如果这些人讲良心做事，不被那一点点困难吓倒，不但可以减少惨祸，更能培养一个人高尚的人格。

人一旦养成了敷衍了事的习惯后，往往就会变得不诚实。这样的人，一定会轻视他的工作，进而轻视自己的人品。有人曾说："轻率和疏忽会让无数人的命运走向失败。"

的确，许多年轻人之所以失败，原因就是办事轻率。他们做任何事都不会要求自己做得尽善尽美。

许多年轻人，似乎根本不知道职位的晋升是建立在忠实完成工作职责的基础上的。事实上，如果你不尽职尽责地完成你的工作，你在老板眼里是永远不会获得价值提升的。

但与此相反的是，很多年轻人在求职时常这样问自己："做这样平凡的工作，会有什么发展前途呢？"但是，巨大的机会往往蕴藏在平凡而低微的职业中。

每当工作完成之后，你应该这样告诉自己："我热爱我的工作，我已全力以赴地做了我的工作，我期待任何人对我进行批评。"一个人成功与否在于他是否做什么都力求做到最好。

　　成功者无论从事什么工作，都绝对不会轻率疏忽。因此，在工作中你应该以最高的规格要求自己，能做到最好，就必须做到最好，能完成100％，就绝不只做99％。这种工作作风应该与你的工资毫无关系，因为任何一个从事工作的人都应该把自己视为·位艺术家而不是工匠，应该永远抱着热情与信心去工作。

　　只要你把工作做得比别人更完美、更快、更准确、更专注，动用你的全部智能，就能引起他人的关注，实现你心中的愿望。

做任何事都要有耐心

　　每一件事对人生都具有十分深刻的意义。你是砖石工或泥瓦匠吗？可曾在砖块和砂浆之中看出诗意？你是图书管理员吗？经过辛勤劳动，在整理书籍的缝隙，是否感觉到自己已经取得了一些进步？你是学校的老师吗？是否对按部就班的教学工作感到厌倦？也许一见到自己的学生，你就变得非常有耐心，所有的烦恼都抛到九霄云外了。

　　如果只从他人的眼光看待我们的工作，或者仅用世俗的标准来衡量我们的工作，工作或许是毫无生气、单调乏味的，仿佛没有任何意义，没有任何吸引力和价值可言。这就好比我们

从外面观察一个大教堂的窗户。大教堂的窗户布满了灰尘，非常灰暗，光华已逝，只剩下单调和破败的感觉。但是，一旦我们跨过门槛，走进教堂，立刻可以看见绚烂的色彩、清晰的线条。阳光穿过窗户在奔腾跳跃，形成了一幅幅美丽的图画。

由此，我们可以得到这样的启示：人们看待问题的方法是有局限的，我们必须从内部去观察才能看到事物的本质。有些工作只从表象看也许索然无味，只有深入其中，才可能认识到其意义所在。因此，无论幸运与否，每个人都必须从工作本身去理解才能保持个性的独立。

东芝公司不仅生产出具有竞争力和吸引力的产品，在营销方面也花费大量心思，因此才能拥有蓬勃发展的成功事业。

对于企业来说，老板是一个特殊人物，老板的行为往往对员工起表率作用。松下幸之助认为要提高商业效益，首先老板就要以身作则，起好带头作用。从部下刚一开始参加工作，就培养敬业的好习惯。

日本企业家土光敏夫认为，老板以身作则的管理制度不仅能为企业带来巨大的经济效益，而且还是企业培养敬业精神的最佳途径。

日本东芝电器公司是当今世界上屈指可数的名牌公司之

一。但是，二十多年前，东芝电器公司因经营方针出现重大失误，负债累累，濒临倒闭。在这个生死关头，东芝公司把目光盯在了日本石川岛造船厂总经理土光敏夫的身上，希冀能借助土光敏夫的"神力"，力挽狂澜，把公司带出死亡的港湾，扬帆远航。

土光敏夫在领导管理方面具有大将风范。早在二战结束时，负债累累、濒于破产的石川岛造船厂毅然挑选了土光敏夫出任总经理。土光敏夫分析了国内外形势，得出了一个结论：困难是暂时的，经济复苏必然会来临，而经济复苏离不开石油，运输石油又离不开油轮，油轮越大则越"经济"。为此，土光敏夫果断决策：组织全体技术人员攻关，建造20万吨巨型油轮。由于从来没建造过这样大的油轮，全厂员工信心不足。土光敏夫不断地与各级管理人员促膝交谈，鼓舞士气。为了集思广益，土光敏夫创办内部刊物《石川岛》，让全厂员工随意发表意见。土光敏夫还建立目标管理制度，把全体员工的利益、荣辱与造船厂的利益、荣辱紧紧联系在一起，终于造出了20万吨级油轮，使造船厂摆脱了困境。

　　土光敏夫从一开始就把造船质量放在第一位，1950年，一艘高速巨轮在驶出船坞时撞在了码头上，码头被撞坏，巨轮只有些轻微损伤，经检查后，一切正常。这件事传出后，世界各地的船商都看好石川岛的船，购买新船的订单接连不断，石川岛从此称雄世界，土光敏夫也从此载誉世界。

　　东芝公司担心的是，土光敏夫的事业如旭日东升，他会抛弃一个成功的事业而进入一个负债累累的企业出任"社长"吗？令东芝惊异的是，土光敏夫立即做出响应："没问题！"

　　土光敏夫就任东芝电器公司董事长所"烧"的第一把"火"是唤起东芝公司全体员工的士气。土光敏夫指出：东芝人才济济，历史悠久，困难是暂时的，曙光即在前面。土光敏夫说："没有沉不了的船，也没有不会倒闭的企业，一切事在人为。"在唤起东芝公司全体员工的信心后，土光敏夫大力提倡毛遂自荐和实行公开招聘制，想方设法把每一个人的潜力都发挥出来。

　　有一次，土光敏夫听业务员反映，公司有一笔生意怎么也做不成，主要原因是买方的课长经常外出，多次登门拜访他

都扑了空。土光敏夫听到这种情况，沉思了一会儿，然后说："是吗？请不要泄气，待我上门试试。"

这名业务员听到董事长要亲自上门推销，不觉大吃一惊。一是担心董事长不相信自己的真实反映；二是担心董事长亲自上门推销，万一又碰不到那位课长，岂不是太丢一家大公司董事长的脸。那位业务员越想越害怕，急忙劝说："董事长，您不必亲自为这些琐碎之事操心，我多跑几趟总会碰上那位课长的。"土光敏夫并不考虑那么多，也不顾及什么面子问题，最重要的是能够做成生意就行。

第二天，他真的亲自来到那位课长的办公室。果然，也是未能见到那位课长。事实上，这是士光敏夫预料中的事，但他并没有马上告辞，而是坐在那里等候。等了老半天，那位课长才回来。当他看了土光敏夫的名片后忙不迭地说："对不起，对不起，让您久等了！""贵公司生意兴隆，我应该等候。"土光敏夫毫无不悦之色，相反微笑着说。那位课长明知自己企业的交易额不算多，只不过几十万日元，而堂堂的东芝公司董事长亲自上门进行洽谈，觉得赏光不少，于是很快就谈成了这笔交易。

最后这位课长热切地握着土光敏夫的手说："下次，本公司无论如何一定买东芝的产品，但唯一的条件是董事长不必亲自来。"随同士光敏夫前往洽谈的业务员，目睹此情此景，深受教育。

士光敏夫此举不仅做成了生意，而且以他坦诚的态度赢得了顾客。此外，他的这种耐心而巧妙的营销技术，对企业的广大员工是最好的教育和启迪。东芝公司在士光敏夫的带动下，营销活动十分活跃，公司的信誉大增，生意兴隆发达。

土光敏夫认为，以董事长之尊从事推销是理所当然的事，不会因此有失身份。当然，管理者亲躬亲为，只是一种示范行为，并不是每笔交易都需要。

土光敏夫还大力提倡敬业精神，号召全体员工为公司无私奉献。土光敏夫的办公室有一条横幅："每个瞬间，都要集中你的全部力量工作。"土光敏夫以此为座右铭，他每天第一个走进办公室，几十年如一日，从未请过假，从未迟到过，一直到80高龄的时候还与老伴一起住在一间简朴的小木屋中。

　　土光敏夫有一句名言："上级全力以赴地工作就是对下级的教育。职工三倍努力，领导就要十倍努力。"如今，日本东芝电器公司已经跻身于世界著名企业的行列，它与石川岛造船公司同被列入世界100家大企业之中。这与土光敏夫以身作则、身先士卒的管理制度是分不开的。

　　通过上述案例可以看出，在我们的工作中，很多事都需要有足够的耐心才能做好。如果我们有足够的耐心，我们就很少会有做不好的工作。

坚持

不敢向高难度的工作挑战，是对自己潜能的画地为牢，只能使自己无限的潜能化为有限的成就。与此同时，无知的认识会使你的天赋减弱，因为懦夫一样的所作所为，不配拥有这样的能力。

有一位银行家，在51岁的时候，财富高达几百万美元，而到52岁的时候，他失去了所有的财富，而且背上了一大堆的债务。面对巨大的打击，他没有颓废地就此倒下，而是决定东山再起。不久，他又积累了巨额的财富。当他还清最后300个债务人的欠款后，这位银行家实现了他的承诺。有人问他，他的第二笔财富

是怎样积累起来的。他回答说："这很简单，因为我从来没有改变从父母身上继承下来的个性，就是积极乐观。从我早期谋生开始，我就认为要以充满希望的一面来看待万事万物，而不要在阴影的笼罩下生活。我总是有理由让自己相信，实际的情况比一般人设想和尖刻批评的情况要好得多。我相信，我们的社会到处都是财富，只要去工作就一定会发现财富、获得财富。这就是我生活成功的秘密。记住：总要看到事物阳光灿烂的一面。我们要学会在困境中保持最甜美的微笑。"

当有一份很难的工作在等着你去做的时候，你需要做的不是逃避，把自己的潜力隐藏起来，失去把自己的潜力发挥的机会，你应该克服困难，迎难而上。

西点军校学员的脑子里没有"这件事是不可能的"这么一条，世界上是没有不可能完成的任务的。在学习和训练中得到不断地挑战是他们每个人最大的乐趣。巴顿将军就是西点人不畏艰难、充满勇气和力量的最好例子。

巴顿将军在西点军校学习期间曾经用自己的身体做电击的实验。在一次物理课上，教授向同学们展示一个直径为12英寸长、放射火花的感应圈。有人提问："电击是否会致人死

亡？"教授请提问者进行试验，但这个学生胆怯了，拒绝进行试验。课后，巴顿请求教授允许他进行实验。他知道教授对这种危险的电击毫无把握，但巴顿认为这恰是考验自己胆量的良机。教授稍微迟疑后同意了他的请求。电击试验开始了，带着火花的感应圈在巴顿的胳膊上绕了几圈，他挺住了。当时他并不觉得怎么疼痛，只感到一种强烈的震撼。但此后的几天，他的胳膊一直是硬邦邦的，挥动都很困难，可是他觉得值得，因为这证明了自己的勇气和胆量。

"我一直认为自己是个胆小鬼，"他写信对父亲讲，"但现在我开始改变这一看法了。"

可以看出，西点军校毕业生之所以如此成功，很大程度上取决于他们敢于挑战不可能完成的任务。正是这一点，西点的学员们才会在各行各业脱颖而出，这是他们获得成功的基础。

许多历经挫败而最终成功的人，感受"熬不下去"的时候比任何人都要多。但是，他们总能树立"成功就在下一次"的信念，并坚持到底。

不要抱怨播种子不发芽，只要你精心呵护，总会有收获的一天。

　　人和竹子一样，往往也是"一节一节成长"的。在你最想放弃的时候，恰恰是你最不能放弃的时候！

责任感胜于能力

　　责任感也是一种强烈的使命感，是人生最根本的义务，也是对生活的积极接受，更是对自己所负使命的忠诚和信守。责任心是衡量一个人成熟与否的重要标准。责任心是一种习惯性行为，也是一种很重要的素质，是做一个优秀的职业人所必需的。

　　过分在乎能力而忽视责任感是一种冒险行为，因为即使一个能力超强的员工如果没有责任心，就会在工作中粗心大意或心猿意马，在这种心境下是无法踏踏实实地做好一件事的。

　　反过来说，一个具备能力而又有责任心的人，不论在什么场合，办什么事都会游刃有余。所以，我们强调的是责任心，

而不是能力，如果做一个比喻，能力相当于是硬件，而责任心就是软件。责任感在这个时候能转化成一种无形的能力，在已有资源的前提下，做到资源的最优化配置和适应能达到事半功倍的效果。

没有责任感的人有以下几个特点：

第一，是一个不敢承担责任的人，是一个懦弱的人。

工作墨守成规，从来不会主动去找事做，都是等着别人给他找事做。不敢承担责任，对自己会时刻存在一种自我保护意识，或许很多力所能及的事到了他这里，因为怕带来不良的后果会使他失去某些利益，所以就会推卸，在工作当中造成人力资源的浪费，而且自身的能力也不能有效地发挥。像这样的人，对于自己来说，只能平庸地度过一生，把握不住降临到他手里的机会，因为有不敢承担责任的习惯性心理，所以即使有某些方面的才能也会让唾手可得的机遇一闪而过。对于公司来说，雇用一个有能力但是不敢于勇担责任的人，公司也是无法信任于他的，所以只能让他在公司承担一些相对比较保险的工作，而不可能委以重任，因为懦弱，在老板眼里，即使再有能力也是一种无能的表现。

第二，一个不愿意承担责任的人，是一个懒惰的人。

　　俗话说，"在其位，谋其职。"工作就意味着责任，可是推卸掉责任，就可以心安理得地怠慢工作，能偷懒时就偷懒，交代给他的工作迟迟不能做完，即使做完了也保证不了质量。在领导眼中，这样的人，永远是在公司混日子，办事拖沓，没有效率。不仅没有机会提升，只怕不久就会被淘汰。

　　就像花园的花匠，工作的职责就是让你所养的花漂亮、鲜艳，就得定期浇水、修剪，花草出现枯萎等情况要及时救治或搬离现场，如果没有意识到自己的责任，不定期护理花草，本该浇三次水，可是却偷懒，只浇一次，你不照料它们，花草自然也不会给你好脸色看，甚至会枯萎，死去。

　　两个月前，我买了一盆叫绿萝的叶子盆栽。刚买回来时，叶子长得非常茂盛，而且绿油油的，很是惹人喜爱。我对它也是爱护有加，专门买了花肥和喷壶，定期给它浇水，经常观察它的生长情况——看看是不是渴了，是不是想要晒晒太阳，几天下来长势很不错，很少出现黄叶的现象。

　　后来，工作比较忙，每天早出晚归，甚至有时候回去得很晚，只是在每周六给它浇一次水，我发现有几片叶子已经黄了，但是，我并没有在意。直到上周六我例行给它浇水的时候

才发现，花盆拎起来特别轻，而且叶子已经枯黄了一大半，我一回想，竟然有两个星期没有给它浇水了；而且北京的冬天非常干燥，再加上屋里一直烧着暖气，使得空气更加干燥，看见这样，我才意识到这盆花快要死去了。

我很难过，难过的不是因为这盆花要死了，而是既然把它买回家，自己却没有负责地把它养好。不能说我工作忙得把它忘了，因为我每天能看见它好几次；也不能说我没有时间，因为浇一次水能需要多长时间；不能说我太累，因为去打一次水能需要花费多大精力。这时我才顿悟："无论做什么工作，哪怕是养一盆小小的花，都是需要对它负起责任的。如果纵容自己懒惰，放弃责任，再容易的事也办不好。只有具有强烈的责任心，才不会吝啬自己的劳动，才会不惜一切代价去履行自己的职责。"

第三，没有责任感的人，是一个没有目标的人。

一个没有责任感的人，不能滋生一股无穷的力量去实现他的目标，也可以说他就是一个没有抱负没有目标的人。这样的人生平淡无奇，所以这就是为什么具有责任感是一种能力，却更胜于能力。

有一个刚刚进入公司的年轻人，自认为专业能力很强，对待工作十分随意。有一天，他的上司交给他一项任务——为一家知名的企业做一个广告宣传方案。

这个年轻人自以为才华横溢，用了一天的时间就把这个方案做完了，交给上司。他的上司一看不行，又让他重新起草了一份。结果，他又用了两天时间，重新起草了一份，交给上司看了之后，虽然觉得不是特别完美，也还能用，就把它呈报给了老板。

第二天，老板让年轻人的上司把他叫进了自己的办公室。问他："这是你能做的最好的方案吗？"年轻人一怔，没敢回答。老板轻轻地把方案推给了他，年轻人什么也没说，拿起了方案，回到了自己的办公室。

然后，他调整了一下自己的情绪，又修改了一遍，重新交给了老板。老板还是那一句话："这是你能做的最好的方案吗？"年轻人心中还是忐忑不安，不敢给予一个肯定的答复。于是，老板又让他拿回去重新斟酌，认真修改。

这一次，他回到了办公室里，费尽心思、冥思苦想了一个

星期，彻底地修改完后交了上去。老板看着他的眼睛，依然问的是那一句话："这是你能做的最好的方案吗？"年轻人信心百倍地回答说："是的，我认为这是最好的方案。"老板说："好！这个方案批准通过。"

有了这一次的经历之后，年轻人明白了一个道理：只有尽职尽责地工作，才能够把工作做得尽善尽美。在以后的工作中，他便经常告诉自己不能随便应付，一定要尽职尽责地对待自己的工作。后来，他变得越来越出色，成了一个名副其实的人才。

职场上就是这样，有些员工本来具有出色的能力，却因为不具备尽职尽责的工作精神，在工作中经常出现疏漏，结果让自己逐渐平庸下去。而另外有一些人，刚开始在工作中表现得并不出色，他们也明白自己的情况，为了改变自身的境况，他们全身心地、尽职尽责地投入到工作之中，想尽一切办法把自己的工作做得完美。结果，在事业上取得了一定的成就。

因为在老板心目中，只有那些勇于承担责任的人，才放心给他更多任务和工作，只有积极主动对自己的行为负责、对公司和老板负责、对客户负责的人，才是老板心目中的最佳员工。如果你逃避责任，老板可能会因为你有其他优点用你，但是，他会认为你不是一个可靠的人。人可以不伟大，可以清贫；但不可以没有责任感，因为你不负责任，也就没有能力可言。能力是需要责任感来承载的，所以，从这个意义上来说，责任感胜于能力。

没有任何借口

找借口的习惯塑造了一批对自己的无助和受害者命运"坚信不移"的人。

在工作中难免会出现这样那样的问题,当出现特别难以解决的问题时,你可能会懊恼万分。这时候,有一个基本原则可用,这个原则就是永远不放弃,永远不为自己找借口。只要你坚持了这个原则,那你就可能成为更优秀的员工之一。因为没有借口,是更优秀的表现之一。

找借口的人,如果有人让他们承担责任,那么最好是那些容易控制的和比较简单的事,比如接受命令、填充表格或者按

照书本操作。

　　借口、悲观主义和无助感总是相伴而行的。找借口是一种症状，悲观和无助则是潜在的习惯和感觉。不管这些因素之间发生了怎样的关系，它们总是一起出现的。这些因素是我们个人责任感的敌人，也是成功的敌人。所以要想走向成功，要做的第一件事就是把这些因素排除在外。

　　对于优秀者来说，这些悲观、无助、恐惧都是一些虚妄的感觉。而那些找借口的人，有一部分恐惧的对象并不是工作中的困难本身，而是他们自己心里架构的悲剧，它像个鬼影，令他们忧虑，胆怯而却步。要想改变这种心态，可以用勤勉的努力去战胜它，以平静的心承担它。如果不能战胜这些因素，那么，我们最终会被自己编造出来的虚妄的感觉吓唬自己，困扰自己，折磨自己，终使我们一事无成。

　　勇敢往往与责任相关，高度的责任心产生高度的勇敢。要做一个优秀员工，就要做到勇敢和负责，勇于负责是你的天职。

　　勇于负责就要彻底摒弃借口，借口对我们有百害而无一利。

　　泥鳅是一种很有趣的小东西，也许你也经历过这种事，那就是在水沟里抓泥鳅。当我们把泥鳅整个地抓在手里的时候，我们认为泥鳅已经没有办法逃跑了，可出人意料的是泥鳅会用

尽全身的力，并在你不注意的时候从你的手里跑出来。虽然是一件很小的事，但却能反映出这样的一个道理：无论什么时候，我们都不要放弃，要坚持下去，不要找一些借口来为自己开脱，也许你再一次努力会有所结果。

保持一颗积极、绝不轻易放弃的心，尽量发掘你周围人或事最好的一面，从中寻求正面的看法，让自己有前进的动力。即使最终失败了，也能汲取教训，把这次的失败视为朝向目标前进的踏脚石，而不要让借口成为你成功路上的绊脚石。

中天养殖基地的老总李尚雄说过："不要放弃，不要寻找任何借口为自己开脱。寻找解决问题的办法是最有效的工作原则。你我都曾经一再看到这类不幸的事实：很多有目标、有理想的人，他们工作，他们奋斗，他们用心去想、去做。但是由于过程太过艰难，他们越来越倦怠、泄气，终于半途而废。到后来他们会发现，如果他们能再坚持一下，如果他们能看得更远一点，他们就会终得正果。请记住永远不要绝望；就是绝望了，也要再努力，从绝望中寻找希望。成为积极或消极的人在于你自己的抉择。没有人与生俱来就会表现出好的态度或不好的态度，是你自己决定要以何种态度看待环境和人生。"这是他在大会上给自己员工讲的话，他希望通过这样的话，使他所领导的企业里那些寻找借口的员工有所改变，也成为一个优秀的员工。

即使面临各种困境，你仍然可以选择用积极的态度去面对眼前的挫折。

我刚到北京不久，认识了一位朋友，他儿子的经历足以证明我们上面的这句话。

刘雷现在已经21岁了，年纪虽小但职位很高，他的学历并不是很高，只是一个大专文凭，可为什么他会有如此出色的业绩和成就呢？原因就在于，他从很小的时候就懂得了一个道理：面对困难，我们只能坚持做下去，不要去找任何借口来为自己解脱，也许阳光就在前面的不远处。

他的父亲讲述了刘雷小时的经历，14岁那年，刘雷一家住在体育大学附近，他很喜欢武术，于是就在白石桥的紫竹院里给他找了一位老师，每天早上刘雷4点半就要骑自行车从体育大学跑到那儿练习武术，然后7点半再回到体育大学来上课。试想，如果刘雷没有那种坚持下去的精神，他会一练就是六年吗？而且这其中，他一句借口也没有，不管外面的风有多大，

雨有多大，他还是会努力地坚持下去。

当一些人知道了他的经历后问他："是什么样的原因让你如此坚持？"刘雷总是微笑着说："我想成为一位优秀者、成功者。所以我不能不这样，只有我现在学会了坚持，学会了不找任何借口，我才能在以后的生活当中如鱼得水。"

后来刘雷进了一家公司，也是如此地坚持下去，对于上级交代的工作，每一件他都是认认真真越发仔细地去完成，从来没有任何借口，而且也不会听他说出："我想时间不够""或许，应该再给我多找几人"等这些借口的托词。所以，刘雷成功了，一年后，他成功地升到了高层。

当你在为公司工作时，无论老板安排你在哪个位置上，都不要轻视自己的工作。那些在工作中推三阻四，老是埋怨环境，寻找各种借口为自己开脱的人，对这也不满意、那也不满意的人，往往是职场的被动者，他们即使工作一辈子也不会有出色的业绩。他们不知道用勤奋来对待工作，只是一味地找借口等待。

在公司里，任何一道工序都有存在的道理。上至老板的决策，下至清洁员的工作，都是必不可少的。如果你因为自己在

底层打扫卫生而看不起自己，看不起自己的工作，由此找出种
种借口懈怠工作，那么老板也必然会因此轻视你的德行和工作
成绩。

借口阻碍了成功

借口是成功的阻碍，借口是拖延的温床，当借口找上你的时候，你就失去了成功的最大保障，所以把借口拒绝于门外，就是为你的成功打开大门。

只要是企业的老板，都非常清楚，一个能够对自己负责，能够承担一切责任的员工，无论是对企业还是对他本人来说都有非常重要的意义。问题出现后，推诿责任或者找借口，都能暴露出一个人责任感的匮乏。曾洪的失败完全在于他自己，由于他不敢承担自己的责任，而去寻找借口来为自己开脱，所以造成了自己失败的结局。

借口是拖延的温床。许多人失败，就是因为他们总是给自己找借口，让借口一直麻痹自己。任何一个人，只要把借口拒之门外，做到今日事今日毕，他就找到了一条属于自己的成功路。

想要获取成功，就不要给自己寻找借口，不要抱怨外在的条件。当我们抱怨的时候，就是在给自己找借口，然而这些所谓的借口就是为了安慰自己的心灵，让自己感觉做不到是因为某种原因而导致的，根本就不是自身的原因。在借口的引导下，失败者不会去思考克服困难、完成任务的方法，就算在转弯过后就是幸福大道也不愿意去尝试。

不寻找借口，就是永不放弃；不寻找借口，就是坚持下去一定要成功的心态，是保持一颗积极、绝不轻易放弃的心，在各种挫折面前尽量挖掘自己好的一面，从中寻求正确的看法，让自己拥有前进的力量。

在任何情况下，失败就失败了，你要想着这次的失败也给你带来了经验，要把失败视为你走向成功的踏脚石，不要把借口当作你失败的原因，让借口成为你成功的绊脚石。

千万不要给自己寻找借口，把寻找借口的时间和精力都用到工作中来。那么，你的工作中将没有借口，成功也将会找到

你。

　　面对失败，不要放弃，要继续努力地奋斗下去，想着把下一步的工作做好，那么，转败为胜也不是没有可能。

　　作为员工，你应该贯彻"没有借口"的思想。因为借口不是好的习惯，如果你养成了找借口的习惯，你的工作就会拖沓，没有效率。

　　所以，抛弃找借口的习惯，这些问题将迎刃而解，甚至在你的工作中还会学到许多解决问题的方法和技巧，这样借口就会离你越来越远，成功离你就会越来越近。

自信者没有借口

　　自信的人从来没有借口。一个人永远不会被他人所打败，打败他的只能是他自己。我们想要成就大事，就必须充分地相信自己。

　　只有坚强的自信，才能对自己所从事的事业充满力量。坚强的自信，便是伟大成功的源泉，不论才干大小，天资高低，成功都取决于坚定的自信力。相信能做成的事，一定能够成功。反之，不相信能做成的事，那就绝不会成功。

　　自信的员工也从来不会给自己找借口，他们知道，任何借口都是懦弱的表现。因为当一个员工不能完成任务，或者在工

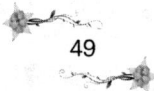

作中遇到暂时无法解决的困难时，他就会出于一种自我保护的本能，寻找各种各样的借口来给自己的心理些许安慰。

借口往往都是人们对自己能力的不自信而寻找出来的，仔细分析一下，现实当中所找的那些借口能站住脚吗？接受一件任务时，只要意识到要完成这项任务将非常艰巨——可能要收集许多自己不太熟悉的资料，要去很多陌生的地方调查相关情况，要花费很多的时间和精力仔细琢磨，甚至于说不定付出了这么多，到头来这项任务仍然不能在规定的期限、按照上司的要求圆满地完成，这个时候就会想到借口，然后想尽办法搬出各种各样的理由，如果在别人眼里这些借口足够充分，那么人们就会选择放弃这项任务。

另外，还有一些人，由于找到的借口在上级的眼里不够充分，最后并没有得到老板的批准，于是他们只好硬着头皮接下来，但是由于之前的失败，他们已经在心理上为自己的不成功找好了足够的借口，在执行过程中，就会以这种对自己没有信心的态度和遇到困难就逃避的消极观念来对待所面临的困难，借助各种各样的理由为自己的失败推卸责任，以此来获取心灵的安慰，逃避老板最终的责问。

泰盛德公司的总经理钱永臣说："如果一个人工作中面对

困难时，用采取努力行动的时间和想其他办法解决这些困难的时间去寻找失败的借口，那么你永远不会加入到成功者的行列中来。相反，如果那个员工是一个充满信心的员工，那么，他就会在接受任务时，对面临的困难和挑战充满自信，坚信无论如何自己一定可以成功。而且，在这个时候这些自信的员工就会认真地分析将要遇到的问题，仔细考虑应该采取什么样的行动来解决，他们会注意在时间和行为方式上下功夫，排除一切外来的干扰，将精力集中在工作上面，某些他们不能解决的困难，也会通过及时地学习来弥补能力上的缺陷，挑战并超越能力极限。这就是自信员工的优秀之处。"

我们慢慢体会钱永臣的这句话，可以感受得到确实如此，当一个人全身心都在工作上面的时候，他根本没有多余的时间来考虑接受这个任务种种可怕的后果，或者是在遇到困难时的恐惧，也因为如此，所以他们并不会积极地为这些后果找借口。

罗纳德·里根是美国第40任总统，他就是一个充满自信的人，在成为总统之前，他只是一个很普通的演员，但他立志要当总统，并相信自己一定可以成为总统。

从22岁到54岁，里根一直在文艺圈中，对于从政完全是陌

生的，更没有什么政治经验可谈，政治可以说是个拦路虎。但当机会到来时，共和党内的保守派和一些富豪们竭力怂恿他竞选加州州长时，里根毅然决定放弃大半辈子赖以为生的演员职业，坚决地投入到从政生涯中。结果大家都清楚，里根成为美国第40任总统。

所以，有了自信就有了成功，有了自信所有的借口都失去了藏身的角落，换一句话来说，自信的人从来没有借口，是因为他们不怕负责任，他们勇于承担责任，从不推脱责任。

一个人的成就，绝不会超出他自信所能达到的高度。如果拿破仑在率领军队越过阿尔卑斯山的时候，只是坐着说："前面是一座山，难以跨越的高山。"那么，军队就很难鼓起勇气前行。所以，无论做什么事，坚定不移的自信力，都是达到成功所必须的和最重要的因素。

现在，你明白了吗？只有拥有自信，对自己的一切行为负责，用信心去迎接竞争与挑战，才能更好地施展你的才华，使你成为一名优秀的员工。

不要推脱

当你感到生活艰苦难耐的时候，要咬着牙坚持过去，学会在困境中对自己说："我一定会挺过去。"不要让借口占据自己心灵，当面对困境的时候不要对自己说："太困难了，我没有这个能力挺过去。"

在一座森林里，阳光明媚，众多鸟儿快乐地歌唱着，因为这些鸟儿都在为自己的新屋而辛勤地劳动。

在这群鸟儿当中，有一只寒号鸟在树上享受着阳光的照射，它有着一身漂亮的羽毛和美丽动听的歌喉，它一边享受着阳光，一边卖弄自己漂亮的羽毛和歌喉。并在边上嘲笑那些为

建新房而劳动的鸟儿们。

麻雀是寒号鸟的好朋友，它看到好友寒号鸟的举动，好心对寒号鸟说："寒号鸟，快垒个窝吧！不然冬天来了你怎么度过啊？"

寒号鸟并没有把麻雀的劝告放在心上，反而轻蔑地对麻雀说："冬天还早呢！你看今天的阳光多好啊，你应该像我一样，趁着今天的阳光快快乐乐地享受。"

就这样，日子一天天过去了，冬天也眨眼间到了，鸟儿们晚上都在自己暖和的窝里美美地休息着，而寒号鸟却在夜间的寒风中冻得发抖，用美丽的歌喉悔恨过去，在它的歌声里唱着：夜间快快过去吧！明天就垒窝。

一夜就这样过去了，寒号鸟也挺过来了。

新的一天，按寒号鸟的想法，应该去垒自己的窝，可是这天的太阳格外明媚，沐浴在明媚的阳光中，寒号鸟好不得意，完全忘记了自己昨天晚上是如何挺过来的，把自己垒窝的想法丢在了身后。

好友麻雀又过来劝它："寒号鸟，快垒窝吧！不然晚上你

又要冻得发抖了。"

可是寒号鸟对于朋友的劝告还是不放在心里，又对麻雀说："今天的阳光这么好，晚上应该不会太冷，还是好好地享受阳光重要。"

晚上又来临了，寒号鸟重复着前一天晚上发生的悲剧。就这样过了几天，大雪突然降临，麻雀再也没有听到好友寒号鸟的叫声，几天过去后，大雪化开了，鸟儿们看到寒号鸟倒在地上，原来寒号鸟在下大雪的那天晚上冻死了。

今天的事必须今天完成，不要给自己找任何借口，今日事今日毕才是一个好习惯。任何人都不要把希望寄予明天，只有把今天做好才能为明天打下成功的基础。

借口让我们忘却了责任。寻求借口的人总是把自己的责任推到别人身上，一旦这种推卸行为养成了习惯，他们的责任心也就烟消云散了。其实把话说开，对于遇事找借口的人，他们面对自己的工作，常常无力承担，也不会去想办法承担，他们往往缺乏在工作中磨炼、提高自己的能力，缺乏积极向上、艰苦奋斗的意志，缺乏挑战困难的勇气与承受挫折失败的心理。这些人渴望轻松享受，甚至期望能够不劳而获。正是由于这种

想法，借口才成为他们掩饰弱点、推卸责任的有效武器。利用借口，他们将自己做的事推向别人，在劳累别人、牺牲别人中放松自己、保全自己。这样的人，是愚蠢的人，同时也是聪明的人。

为什么说他们聪明呢？至少他们知道如何来保全自己。如果他们把找借口的聪明才智放到工作上，这些人也不比别人差，有的甚至会比其他人更好。可事与愿违的是，这些人不明白在每一件任务、每一个困难背后都蕴含着很多个人成长的机会。

工作本身会带给你无数无价的回报。譬如可以开阔自己的视野，发展自己的技能，拓展自己的领域，增强自己的判断力与决策力等。任何人的任何能力从来都不是先天给予的，而是在长期工作中积累和学习的。只有在工作中才能学会正确地了解自己、发现自己，使自己的潜力得到充分地展示。所以，依靠借口逃避工作的人，他们一生注定一事无成。

贵州中天养殖基地的经理李尚雄说：

我最憎恨的是那种遇事找借口的人，因为找借口使他们丧失了自己对工作的希望与热情，剥夺了自己对目标的认识与坚持。在长期的借口当中削弱了自己处事的毅力与信念，压制了自己的积极性与创造力。面对工作的时候，他们不是调动全部

的智慧才干投身其中，而是徘徊事外，不断权衡揣测可能产生的风险。他们害怕冒险，畏惧失败。处理事，能拖就拖，能推就推，敷衍应付，不敢负责。久而久之，他们对自己越来越失去信心，原本可以做好的事也变得难以胜任，一味地在借口中逃避工作。像他们这种人，不仅不能取得事业的成功，甚至连立身职场的资格都没有。

我曾经对那些遇事找借口的人，有过仔细地观察，我并不是没事找事做，我只是想认识清楚借口所带来的巨大危害。很长一段时间后，我清楚地认识到借口会使那些人的性格变得越来越胆怯懦弱，敏感多疑。他们无论做什么事，都畏畏缩缩，毫无主张。他们掌握不了事态的发展，把握不了自己的存在，笼罩他们的是难以摆脱的悲观，难以言说的莫名恐惧感。这样的人生，对他们来说，除了负担之外没有丝毫乐趣。

那些找借口的人，在搜罗借口制造谎言的过程中，丢掉了诚实的美德。由于长期找借口，所以会受到内心的谴责，他们没有力量压制住这种谴责。借口使他们输掉的决不仅仅是自己的职业，而是自己的全部。因为不诚实，所以他们不能与人相处长久，不可能再赢得别人的信任。在欺骗中，他们的品性开

始堕落，他们的人格变得猥琐。像这样的人，没有一家企业会重用他，他也不会是一个称职的员工。

可见，哪里有借口，哪里就有过失、畏难情绪、悲观郁闷、回避问题、不愿承担风险、没有竞争力、办事抓不住关键、缺乏责任心、低效合作、不可信任等因素的消极影响。

借口，绝不是一个可以忽略不计的小问题，而是侵蚀企业生命的毒素，阻碍个人成功的最大绊脚石。

所以，在我们成功的过程中要向借口说"不"，把借口拒之于千里之外。

第二章

细节决定成败

工作不分大小

　　每个人所做的工作，都是由一件件小事构成，但不能因此而对工作中的小事敷衍应付或轻视懈怠。记住，工作中无小事。所有的成功者，他们与我们都做着同样简单的小事，唯一的区别就是，他们从不认为他们所做的事是简单的小事。

　　战场上无小事。很多时候，一件看起来微不足道的小事，或者一个毫不起眼的变化，却能决定一场战争的胜负。战场上无小事，这就要求每一位军官和士兵始终保持高度的注意力和责任心，始终具备清醒的头脑和敏锐的判断力，能够对战场上出现的每一个变化、每一件小事迅速做出准确的反应和决断。

我发现，"战场上无小事"也同样适用于企业，适用于企业的每一位员工，因为在工作中也没有小事。

希尔顿饭店的创始人、世界旅馆之王康·尼·希尔顿是一个注重"小事"的人。康·尼·希尔顿要求他的员工："大家牢记，万万不可把我们心里的愁云摆在脸上！无论饭店本身遭到何等的困难，希尔顿服务员脸上的微笑永远是顾客的阳光。"

正是这小小的永远的微笑，让希尔顿饭店的身影遍布世界各地。

其实，每个人所做的工作，都是由一件件小事构成的。士兵每天所做的工作就是队列训练、战术操练、巡逻、擦拭枪械等小事；饭店的服务员每天的工作就是对顾客微笑、回答顾客的提问、打扫房间、整理床单等小事；你每天所做的可能就是接听电话、整理报表、绘制图纸之类的小事。你是否对此感到厌倦、毫无意义而提不起精神？你是否因此而敷衍应付，心里有了懈怠？这不能成为你的借口。请记住：这就是你的工作，而工作中无小事。要想把每一件事做到完美，就必须付出你的热情和努力。

　　成功不是偶然的，有些看起来很偶然的成功，实际上我们看到的只是表象。正是对一些小事的处理方式，已经昭示了成功的必然。无论是"每桶4美元"还是"把胳臂往前甩"，它们都要求人们必须具备一种锲而不舍的精神，一种坚持到底的信念，一种脚踏实地的务实态度，一种自动自发的责任心。小事如此，大事亦然。

工作不分贵贱

　　不论是贵族还是平民，不论是男人还是女人，谁都没有理由轻视自己的工作。认为自己的工作是卑贱的，将是一个巨大的错误。

　　现在，依旧有许多人认为自己的工作低人一等。他们没有认识到其工作的价值所在，只是迫于生存的压力而劳动。

　　一个人一旦轻视自己的工作，那他就不可能全身心地投入工作，而一旦他们以敷衍了事和得过且过的态度对待工作，这样的员工到任何一个公司都不会受到欢迎。

　　任何一份正当和合法的工作都是高贵的。每一个诚实的劳动

者和创造者，都值得世人赞誉，因此，最关键的问题是你如何摆正对工作的态度。那种只求高薪，而不知道自己工作责任的人，不但对老板来讲没有任何价值，对他自己来说也是一样。

的确，有这样一些工作，他们看上去不是很高雅，工作环境也很差劲，社会上似乎也不太关注它。但是，你千万别因此而轻视这样一份工作，你要用这样的尺度去衡量它：只要它是有用的，就值得你去做。在年轻人的眼中，当上公务员、银行职员或大公司白领才算得上一份好的工作，为此，很多年轻人甚至花上漫长的时间去等待，为的就是找到这样一个职位。实际上，在同样的时间里，他完全可以找到一份对他来说很现实的工作，并在工作中提升自己的能力，发现自己的价值。

工作没有贵贱，但工作态度却有高低的区别。看一个人的工作态度就能立刻知道他能否做好事，而决定一个人的工作态度的要素又是他的性情与才能。事实上，一个人的工作态度可以说就代表了他这个人。

轻视自己工作的人，他绝对不会尊敬自己，因为他轻视自己的工作，因此觉得工作十分苦而累，更难让他把工作做到最好了。今天，依旧有许多人在轻视自己的工作，他们从不认为工作是自己成就事业和人生的工具，而只不过把工作当成谋求生计的途径罢了。在他们眼中工作是生活的代价，持这样错误观念的人是多么可悲啊！

我发现那些轻视自己工作的人，正是生活中的被动者，他们不愿用自己的奋斗去改变自己的生活，而是期待发生奇迹。在他们眼中，公务员既体面又有权威性，他们不想干体力活儿，也不想当小商贩，他们觉得自己应该生活得更轻松，有一个好的职位，生活得也更自由。他们总是认为自己有什么特长，并因此而前途无量，事实上，这不过是他们固执罢了。

轻视自己工作的人，其实就是人生的懦夫。公务员的工作虽然轻松而体面，但今天，商业和服务业的工作都需要更多人的努力。当一个人对挑战感到畏惧时，他就会找出许多理由，长此以往就看不起自己的工作了。我想，这些人一定从学生时代就养成了懒散的恶习，考试一结束，他们就会把课本扔掉，以为人生就此光明一片了。对于理想的工作，他们的许多认识都是错误的，事实上，他们甚至对工作都不抱有什么理想。对于这样的人，瑞伯特先生曾提出过这样严厉的警告："假如人们只追求政府职位与高薪水，那就是这个民族的独立精神已经枯竭的危险信号，如果一个国家的国民只是竭尽全力追求这些职位，这个民族将会迈向奴隶一般的生活。"

　　上天赐予了你工作的本能，因此，你千万不能懒散，这只会让你蒙受不幸。这个世界上，有人利用自己的天赋给社会创造美好的事物，而有的人却漫无目的，浪费自己的天资，直到晚年仍身无分文。原本可以创造美好的人生，结果却与成功擦肩而过，这是多么让人痛心啊！

以认真的态度对待工作

　　有句话说得很好："我不能选择容貌，但可以选择表情；我无法选择天气，但可以选择心情。"同样，我们也可以说："你无法选择工作，但可以选择态度。"对于工作来说，无论工作平凡或伟大，无论困难或容易，你的态度都将决定你能够取得怎样的成果。卓越的态度可以使平凡变成伟大，平庸的态度可以使伟大变成卑微。可以说，我们的态度决定了一切。

　　面对工作的态度主要有两种，我们可以从中任选其一。第一种是爱迪生所说的："我一辈子从来没有工作过，我只是在玩而已。"另一种就是古希腊福州里邪恶国王西西弗斯王所认

为的"工作就是苦役"。

爱迪生认为工作可以创造出生产力、乐趣以及满足感，投身于自己所从事的工作，可从中得到源源不断的快乐和成就感。而西西弗斯王被打入冥府后，每天必须推动庞大的巨石到山上去。一天过完之后，这块巨石又会自动掉落山谷。他每天都要重复这样的过程，日复一日。他的工作艰辛、枯燥而且毫无意义。

我们也许无法选择自己的工作，因为很多时候人们的选择自由度确实不大。但是，一旦你参与了某项工作，来到某个岗位上，就必须要有把它做好的态度。因为怎样去面对工作，这个态度的决定权是在你的手中。

杰克是美国一家餐厅的经理，他总是有好心情，当别人问他最近过得如何时，他总是有好消息可以说。当他换工作的时候，许多服务员都跟着他从这家餐厅换到另一家。为什么呢？因为杰克是个天生的激励者，如果有某位员工今天运气不好，杰克总是适时地告诉那位员工往好的方面想。有人问他："没有人能够总是这样积极乐观，你是怎么做到的？"杰克回答说："每天早上起来我告诉自己，我今天有两种选择，我可以选择好心情，或者选择坏心情，但我总是选择好心情。即使有不好的事发生，我可以选择做个受害者或是从中学习，但我总是选择从中学习。每当有人跑来跟我抱怨，我可以选择接受抱怨或者指出生命的光明面，但我总是选择指出生命的光明面。"

应该说，杰克懂得工作的真谛，因为工作本应是一件需要每一个人用心去做的、快乐的事，但却被很多人认为只是谋生的手段。的确，如果我们用应付的态度来对待工作，自然难以从中得到乐趣，更不用说能将工作做得出色。

工作中，我们常常喜欢为自己寻找理由和借口，不是抱怨职位、待遇、工作的环境，就是抱怨同事、上司或老板，而很少问问自己：我努力了吗？我真的对得起这份薪水吗？要知道，抱怨得越多，失去的也越多，而只有端正自己的态度才能获得出类拔萃的机会。

琳达大学毕业后，进入了自己向往已久的报社当记者。虽然说是记者，但她却没有被指派去担任采访等工作，而是每天做一些整理别人的采访录音带之类的小事。每天做这样无聊的工作是她以前所没有料到的，于是便萌生出辞职的念头。朋

友给了她这样的建议："你是幸运的，你正在接近你最喜欢的工作。如果你觉得现在的工作无聊的话，那只是你的借口，说明你并没有努力工作。你可以试着学习如何快速听写录音带，试着成为快速记录的高手。将来一定会派上用场的。因为听写一个小时的录音带，往往要耗掉三至五倍的时间，但精通速记的话，只要花费和听录音带相同的时间就可以完成了，不但合理，而且省时。"于是，琳达每个周末都去文化学院学习速记。她精通了速记后，变得能够自如地进行录音带的速记工作。六年以后，她以"录音带速记高手"的身份闻名新闻界，因其速记的"更快速、更便宜、更正确"，即使在经济不景气的时候，她的工作也从没间断过。

　　所以，身在职场，每一个员工都要以积极进取的工作态度走好职业生涯中的每一步，只有这样才能拥有一个与众不同的人生。当你以对待生命的态度对待工作时，工作就会给你同样珍贵的回报。

以100％的精力做好每一件事

任何工作都值得我们做好，而且是用100％的精力。

画家莫奈曾画过这样一幅画，画面上描绘的是女修道院里的情景，几位正在工作着的天使，其中一位正在架水壶烧水，两位正提起水桶，还有一位穿厨衣的天使，正在伸手去拿盘子——哪怕是生活中再平凡不过的事，天使们都在全神贯注地去做。

行为本身说明不了它自身的性质，而是由我们行动时的精神状态来决定的。工作单不单调，也由我们工作时的心境来决定。

我们的人生目标将指引我们的一生，你的工作态度，将让

你与其他人分别开来。它或者使你思想更开阔，或者使你变得更狭隘，或者让你的工作变得崇高，或者变得俗气。

做任何一件事对我们的人生来说都是极具意义的。做一位砖瓦匠，你也许会从砖块和泥浆中发现诗意；做一名图书管理员，你或许可以在工作之余使自己获得更多的知识；做一名教师，也许你为教学工作感到厌烦。但是，只要见到你的学生，你一定会变得快乐起来。

不要用他人的眼光来看待你的工作，也不要用世俗的标准来衡量你的工作，如果这样做的话，只会让你觉得工作单调、无聊、毫无价值。这如同我们在外面观察一个大教堂的窗户，上面也许布满了灰尘，十分灰暗，没有光华，但是，如果我们推门走进教堂，将会看到另外一幅景象，色彩绚丽、线条清晰，在阳光之下教堂里会形成一幅幅美的图画。

这向我们提供了一条真理：从外部看待问题是有局限的，只有从内部观察才能看透事物的本质。有的工作表面上看十分无味，只有当你身临其境，努力去做时才能体会到其中的乐趣与意义。所以，不管你是什么样的人，都要从工作本身去理解你的工作，把工作看成你人生的权利与荣耀——这将是你保持个性独立的唯一方法。

　　任何工作都值得我们努力去做，别轻视你做的每一件事，哪怕是一件小事，你也要竭尽全力、尽职尽责地把它做好。

　　能把小事顺利完成的人，才有完成大事的可能。一个走好每一个脚步的人，绝不会轻易跌倒，而这也是通过工作获得伟大力量的奥秘。

力求完美

不要满足于尚可的工作表现，要做最好的，你才能成为不可或缺的人物。人类永远不能做到完美无缺，但是在我们不断增强自己的力量、不断提升自己的时候，我们对自己要求的标准会越来越高。这是人类精神的永恒本性。

对于我们来说，顺其自然是平庸无奇的。平庸是你我的最后一条路。为什么可以选择更好时我们总是选择平庸呢？如果你可以在一年之外弄出一天，那为什么不利用这365天呢？为什么我们只能做别人正在做的事？为什么我们不可以超越平庸？

如果一个人顺其自然的话，那么他也不会赢得奥林匹克竞赛。把金牌带回家的运动员必须超越已有的纪录。

　　不要总说别人对你的期望值比你对自己的期望值高。如果哪个人在你所做的工作中找到失误，那么你就不是完美的，你也不需要去找借口。承认这并不是你的最佳程度。千万不要挺身而出去捍卫自己。当我们可以选择完美时，却为何偏偏选择平庸呢？我讨厌人们说那是因为天性使他们要求不太高。他们可能会说："我的个性不同于你，我并没有你那么强的上进心，那不是我的天性。"

　　"超越平庸，选择完美。"这是一句值得我们每个人一生追求的格言。有无数人因为养成了轻视工作、马马虎虎的习惯，以及对手头工作敷衍了事的态度，终致一生处于社会底层，不能出人头地。

　　在某大型机构一座雄伟的建筑物上，有句很让人感动的格言："在此，一切都追求尽善尽美。""追求尽善尽美"值得作为我们每个人一生的格言，如果每个人都能用这格言，实践这一格言，决心无论做任何事，都要竭尽全力，以求得尽善尽美的结果，那么人类的福利不知要增进多少。

　　人类的历史，充满着由于疏忽、畏难、敷衍、偷懒、轻率而

造成的可怕惨剧。

在宾夕法尼亚的奥斯汀镇，因为筑堤工程没有照着设计去筑石基，结果堤岸溃决，全镇都被淹没，无数人死于非命。像这种因工作疏忽而引起悲剧的事实，在我们这片辽阔的土地上，随时都有可能发生。无论什么地方，都有人犯疏忽、敷衍、偷懒的错误。如果每个人都能凭着良心做事，并且不怕困难、不半途而废，那么非但可以减少不少的惨祸，而且可使每个人都具有高尚的人格。

养成了敷衍了事的恶习后，做起事来往往就会不诚实。这样，人们最终必定会轻视他的工作，从而轻视他的人品。粗劣的工作，就会造成粗劣的生活。工作是人们生活的一部分，做着粗劣的工作，不但使工作的效能降低，而且还会使人丧失做事的才能。所以粗劣的工作，实在是摧毁理想、堕落生活、阻碍前进的仇敌。

要实现成功的唯一方法，就是在做事的时候，抱着非做成不可的决心，要抱着追求尽善尽美的态度。而世界上为人类创立新理想、新标准，扛着进步的大旗，为人类创造幸福的人，就是具有这样素质的人。无论做什么事，如果只是以做到"尚

佳"为满意，或是做到半途便停止，那他绝不会成功。

有人说："轻率和疏忽所造成的祸患不相上下。"许多年轻人之所以失败，就是败在做事轻率这一点上。这些人对于自己所做的工作从来不会做到尽善尽美。

大部分青年，好像不知道职位的晋升，是建立在忠实履行日常工作职责的基础上的。只有尽职尽责地做好目前所做的工作，才能使他们渐渐地获得价值的提升。

相反，许多人在寻找自我发展机会时，常常这样问自己："做这种平凡乏味的工作，有什么希望呢？"可是，就是在极其平凡的职业中、极其低微的位置上，往往蕴藏着巨大的机会。只要把自己的工作做得比别人更完美、更迅速、更正确、更专注，调动自己全部的智力，从旧事中找出新方法来，才能引起别人的注意，使自己有发挥本领的机会，满足心中的愿望。

做完一项工作以后，应该这样说："我愿意做那份工作，我已竭尽全力、尽我所能来做那份工作，我更愿意听取人家对我的批评。"

成功者和失败者的分水岭在于：成功者无论做什么，都力求达到最佳境地，丝毫不会放松；成功者无论做什么职业，都不会轻率疏忽。

　　你工作的质量往往会决定你生活的质量。在工作中你应该严格要求自己，能做到最好，就不能允许自己只做到次好；能完成100%，就不能只完成99%。不论你的工资是高还是低，你都应该保持这种良好的工作作风。每个人都应该把自己看成是一位杰出的艺术家，而不是一个平庸的工匠，应该永远带着热情和信心去工作。

注重细节

　　小细节，往往反映的是大问题。看重细节，把细节做周全，在行动上落实，是成功的一个重要方面。

　　有位医学院教授，在上课的第一天对他的学生们说："当医生，最要紧的就是胆大心细！"说完，便将一只手指伸进桌子上一只盛满尿液的杯子里，接着又把手指放进自己的嘴中，随后教授将那只杯子递给每个学生，让学生学着他的样子做。看着每个学生都把手指伸入杯中，然后再塞进自己的嘴中，忍着呕吐的狼狈样子，他微微笑了笑说："不错，不错，你们每个人都够胆大的。"紧接着教授又说道："只可惜你们看得不够细致，没有注

意到我伸入尿杯的是食指，放进嘴里的是中指。"

　　教授不是有意恶搞学生，而是要学生铭记教训，关注细节。不注意细节是要上当、吃亏的。"害人之心不可有，防人之心不可无。"注意细节，防止吃亏，防止失败。

　　有些人总是随心所欲地处理一些事，而且还固执己见，不会顾大局、识大体，认为所谓的琐事是没必要去做的。在他们看来，工作中应该把所谓的琐事搁置起来，努力把自己认为重要的大事处理好，只有这样他们的才能才不会被埋没。他们总是在进行自我安慰，常常对自己说："我是最优秀的，我是非常出色的。"事实上，他们却是大事做不来，小事又不做，总在浪费自己的生命。在他们看来，做多少事就应该领多少薪水，没有必要做那些比较琐碎的杂事、小事去迎合老板，而且认为老板也不在乎这些小事，只有做几件大事才是取得上司信任的最有效的途径。

　　有一家公司刚开业，要招聘20多名员工。通过初试、面试、笔试，公司选出了30多名优秀的应聘者，比预期的多出了十多名。公司的高层很难做出最终的选择。

　　为了解决这个问题，主管出了一个主意，准备请这30多名员工吃饭，他们被分成三桌，每桌有十多个人，各安排了一个公司高层。

第一道菜是饭店里最出名的烧鱼。菜刚上来的时候，谁都不敢动，于是主管带头在鱼背上夹了一片，然后对大家说："大家随便吃，以后我们就有可能是一家人了，每天都会在一起，所以大家都不要客气、不要拘谨。"

有主管带头，桌上的人都活跃起来了，大家有的夹鱼头，有的夹鱼背，有的吃鱼尾；有的人一次夹一大块，还有的翻腾着找好的鱼肉，也有一些每次只夹一小点，而且不挑来挑去。就这样，一盘烧鱼很快就没了。

这时主管又说话了："看来大家很喜欢这道烧鱼啊，再多来一道吧！"

第二道同样的烧鱼上桌了，和第一道鱼时的情景差不多，很快又被吃完了。

第三道菜是一盘清炖的鸡肉。这道菜一上，还是和第一道、第二道菜一样，仍然是那些挑菜、夹大块的人吃得多。最后的菜上齐后，大家都各取所好，有的总是夹自己最喜欢的

吃，有的站起来夹别人面前的菜，有的每样菜都夹一些，还有的一手汤一手菜地吃。最后吃完时，有部分人把碗里的米饭都吃干净，有的人脚下、胸前都是饭粒。这些人的各种表现都被主管看在了眼里。

几天以后，公司最终聘用人员的名单出来了，那些落选者很不服气，于是问主管："大家的条件都差不多，而且又没有增加面试，为什么他们被聘用而我们却没有？"

主管看着他们微笑地说："我们已经加试了，只是你们都不知道，那天晚上吃饭就是一次面试，你们心里应该很清楚自己为什么没被聘用了吧！"

这时，那些没有被聘用的落选者都低下了头，有的什么话也没说转身就走了，但是仍然有几个说道："这都是生活中的小细节，怎么能以此评判一个人呢？"

主管看着那些不服气的人说道："人生本来就有许多小细节，一个在饭桌上只顾自己的人，在工作中是不会照顾别人的，他首先想到的只是自己，我们公司不需要这样的员工。"

注重观察细节，养成观察习惯，通过长期积累、训练我们就能够提高洞察力、判断力，并能够将其转化成智慧和财富。

不要忽视任何一件小事

任何一件小事都有它存在的道理，当你接受一件小的任务时，不要高傲自大，也不要怨天尤人，应该全力以赴、认真负责地对待，只有这样才能获取更多机会，才有可能获取成功。

小事是构成大事的根本，没有小事，就成不了大事。"泰山不择细土故能成其大，江河不择细流故能就其深"，说的就是这个意思。很多人只看到大事，对小事往往不屑一顾，还美其名曰，"成大事者不拘小节"，到头来小事不愿做，大事做不了，只会感叹自己"心比天高，命比纸薄"。因此，我们这里强调"大处着眼，小处着手"，小事只是为大目标做的导向。

　　不要对那些不起眼的小事置之不理，如果认为它们小而不重视它们，甚至放弃它们，那么，在人生旅途上你将无法平稳地前进。人生的成功起始于小事，不行小事也必然难成大事，因小而失大，实在是人生的大忌。如果你还没有认识到这一点，那么，从现在开始，你一定要重视身边的每一件小事。只有踏踏实实地将你遇到的每一件小事都圆满地做好，才能在大事来临时，用你完成小事时所获得的经验，得心应手地完成大事。

　　"人生成功小事起"，这是我们每个人都应该牢记的。要知道，世界上许多富翁都是从小事做起，"以小搏大"是他们常使用的手段。因此，要想发大财，就不能放弃发小财的机会，只有这样，才能拥有发大财的基础。否则，靠投机、靠违法乱纪的勾当而一夜暴富，终将会毁了自己的一生。

　　当今有不少人毕业于名牌大学，他们胸怀大志，一出校门便想当老板进跨国企业，独立门户地想一统天下，帮人打工的想成为职场主流。他们一心想做大事，企图一口吃个大胖子，一步登天，结果没有吃成胖子，却噎了自己，没有登天，却摔伤了自己。因为这样的人"大事不会做，小事不愿做"，留给他们的只有失败，这是很可悲的。

　　在工作中，我们不要认为小事不重要就不去做，这对我们

的职业发展有很大的影响。只要我们不讨厌小事，只要有益于自己的工作和事业，我们都全力以赴地去做，我们就会在成功的道路上越走越开心，越走越明亮。

事实上，很多年轻人眼高手低，看不起小事，只想做大事，可是能做大事的人却很少。人有理想、有干大事的雄心是好事，但一定要从身边一点一滴的小事做起。要知道，小事中常常蕴藏着机会。很多人轻视小事，认为小事不值得做，这就为自己的工作留下了隐患。

20世纪70年代初，新田富夫从一所电气专科学校毕业后进入了一家打火机厂。他平时很善于观察，肯动脑筋，特别是对一些陌生的东西很感兴趣。

那时候，日本的市场上还没有出现一次性打火机，新田富夫在一本杂志上看到了关于一次性打火机的介绍，他花了很大工夫收集有关一次性打火机的材料，并设法买到一只一次性打火机进行研究。

他研究发现，每只一次性打火机使用次数在1000次左右，成本不超过100日元，如果大规模生产的话，成本还会更低。与之相比，1000根火柴的售价是400日元。新田富夫觉得生产这种

打火机利润非常可观。

经过认真思索，新田富夫开始与别人合作生产，但由于技术方面的问题，没有成功。其他人都退缩了，只有新田富夫坚持下来，他相信：越是没有人愿意干的事，越可以赚很多的钱。他不仅没有后退，反而信心倍增。

功夫不负有心人，新田富夫终于攻克了技术难关，成功生产出非常受欢迎的一次性打火机。这种一次性打火机，价格低，使用方便，很快成了全日本家喻户晓的品牌商品。可见，能否发家致富，并不在于是否有大本钱，小买卖里也蕴藏着无限的商机，把小事做好了也能够成就你的人生。

工作中无小事。所有的成功者与我们一样，每天都在为一些小事全力以赴，唯一的区别是他们从不认为自己所做的事是简单的小事。"把简单的招式练到极致就是绝招"，细微之处见精神，有做小事的精神，才能拥有做大事的气魄。

细节决定成败

　　"细节"一词，指细小的环节或情节。因此，细节往往是我们不注意或是我们不容易发现的。所以，人们就不自觉地忽视了它，往往因为时间、精力等的原因而顾不上细节，其中更有一些人急功近利对细节不屑一顾，从而造成大错。

　　有一些企业能够在风雨中长盛不衰，而有一些企业只能红火一时，这主要是由企业管理者对待细节的态度和处理细节方式的不同造成的。从管理者的角度来看，细节是管理是否到位的标志，管理不到位的企业很难成为成功的企业，更难以建立牢固的根基。企业只有在每一个细节上下功夫，才能全面提高

市场竞争力，让企业发展得越来越好。

天下大事必做于细。很多人因为忽略了某些细节而错失良机，导致失败。一些人却因为抓住了细节，从而走向成功，改变命运。

有一位极普通的大专毕业生到一家外资企业应聘，经理扫了一眼她的简历后，面无表情地拒绝了她。女孩收回自己的简历，站起来正准备要走，突然感觉手被什么东西扎了一下，看了看手掌，上面已经沁出了血珠。原来是凳子上一个钉子露在了外面，她见桌上有块镇纸石，便拿过来用力把钉子压了下去，然后微微一笑，说声告辞便转身离开了。几分钟后，经理派人在楼下追上了她，宣布她被破格录用了。

为什么呢？原因很简单，不管在什么情况下，也不管做什么事，我们都要注意那些细微之处，不要因为忽略细微之处而给我们带来失败。

天云公司是一家很大的公司，公司为了扩大规模打算招收一名素质过硬的职业经理人和十多名普通员工。应聘者很多，博士、硕士、本科生、专科生，各种各样的人才都有。在经过初试、笔试和几次面试后，留下来的只有15名应聘人员。经理

的位子只有一个，需要在15名员工中选出来。所以，最后一次面试将决定谁能获取这个职业经理人的职位。

第二天，这15名面试者一大早就来了。面试开始后，主考官发现面试的人员多了一位，下面坐着16个人。于是对下面的16个人说道："你们当中有谁不是来参加面试的？"

"先生，您好，我在第一次面试的时候就落选了，但是我想参加所有的面试。"一个年轻小伙子说。

主考官不以为然地说道："你第一次面试就被淘汰了，参加下面的面试有什么用呢？"

年轻小伙子不卑不亢地对主考官说："因为我掌握了别人没有的财富。"

"哦，你能有什么别人所没有掌握的财富呢？"主考官问道。

"我的经验和我自己本人。"年轻人回答道。对于年轻人的回答，主考官和坐在下面的应聘者都笑了起来，他们认为年轻人太自大了。

"你能告诉我你这样说的理由吗？"主考官问。

"我虽然只有高中学历，但是我有近十年的工作经验，我

曾经在八家公司工作过，在三家公司任过部门主管。这十年的工作经验不是任何学历可以替代的，虽然我的学历不高，但是我在工作方面可以胜过他们许多人。"年轻人说。

"你的学历根本不符合我们招聘的要求，但你接近十年的工作经验却是一笔不小的财富，可是你跳槽了八次，你认为这是一种令人欣赏的行为吗？在我个人看来，你的跳槽也许是个人的能力问题吧！"主考官说道。

"我并没有跳槽，我曾经工作的八家公司都倒闭了。"这时所有人都大笑起来。一个面试者对他说："你真的很失败，我要是你，都没有脸来到这里了。"

主考官又说："你所在的八家公司都倒闭了，那你对自己的能力没有怀疑吗？而且我也开始怀疑你近十年的工作，你有没有学到有用的经验。"

"不，在这些年的工作中，我学到了很多有用的经验，就以这八家倒闭的公司来说，它们倒闭的原因我都知道，并且知道如何避免这些情况的发生，也正因为这些公司的倒闭才使我积累了更多的经验财富。我非常了解我所工作过的八家公司，我与我的同事们都很努力地挽救过，但是我们没有成功。虽然我的学历低，但是我用了十年的时间来学习工作中的各种经验，这些年中，培养了我对人、对事、对未来的敏锐洞察力。"年轻人说。

"哦，是这样吗？不过，年轻人，你不要太骄傲了，虽然你有近十年的工作经历，但是你认为你已经很出色了吗？我们所需要的经理人，不仅仅要有高学历，还需要是一个高素质、全方位的知识型人才。你认为你都具备了这些条件了吗？"主考官说道。

"主考官先生，您所说的这些，我认为自己已经具备了，我对自己很有信心，就以现在来说吧，我认为您根本不是真正的老板，真正的主考官也不是您。我说得对吗？"年轻人说。

对于年轻人最后的这句话，主考官非常吃惊，下面的15位面试者更吃惊。

"你有什么证据说我不是老板和真正的主考官呢？"主考官问。

年轻人继续说道："真正的老板和主考官，应该是给大家

倒水和打扫卫生的那个老人吧！因为我是从他的举动、眼神、气度方面察觉到的，当我刚才说到主考官和老板并不是您时，他的举动更让我肯定了我的看法。我说过，我是一个非常注意细节的人，我从来不会放过任何一个小的细节。"年轻人说完这段话，就向大门的方向走去。当他快要走出大门时，老人说话了："好！你就是我们所需要的职业经理人，你被聘用了。"

几年后，年轻人已经坐上了总公司副总经理的位子，也成了公司的一位董事。

正如一位伟人所说："不愿做平凡的小事，就做不成大事，大事往往是从一点一滴的小事做起来的。"所以，在细节处多下功夫吧！

第三章

忠诚让你成为赢家

忠诚胜于能力

　　对于忠诚，有一种错误的理解就是老实，片面地认为这样会受欺负，其实老实和忠诚并不是一个概念，忠诚是一种做人做事的信念和准则，不论老实人或聪明人都应该遵循的并为之骄傲的品德，对于职业人来说，忠诚胜于能力。

　　索尼公司有这样一句话："如果想进入公司，请拿出你的忠诚来。"这是每一个想要加入日本索尼公司的应聘者必然要听到的一句话。因为索尼认为一个不忠于公司的人，再有能力，也不能录用，因为他可能给公司带来比能力平庸者更大的破坏，他们不喜欢"叛徒"。

马耳他流传着一个有关忠诚的古老故事：

一位马耳他王子在路过一家住户时看到他的一个仆人正紧紧地抱着一双拖鞋睡觉，他上去试图把那双拖鞋拽出来，却把仆人惊醒了。这件事给这位王子留下了很深的印象，他立即得出了结论：对小事都如此小心的人一定很忠诚，可以委以重任。所以他便把那个仆人升为自己的贴身侍卫，结果证明这位王子的判断是正确的。那个年轻人很快升到了事务处，又一步一步当上了马耳他的军队司令。最后，他的美名传遍了整个西印度群岛。

可见，一个忠诚的人十分可贵，当然，一个既忠诚又有能力的人更是可贵。忠诚的人无论能力大小，老板都会重视他。相反，一个缺乏忠诚感但是有能力的人，有时却被遗弃。但是，需要强调的是，如果是单纯的忠诚而不培养自己的能力，想要得到重用也是不可行的，我们提倡既要有忠诚感，而且还要不断提升技能，这才是长久的发展之道。

在一些时候，社会不缺乏有能力的人才，但是对于公司来说，如何才能使这样的人才为我所用才是有意义的，对于个人来说，忠诚胜于能力！

忠诚的反义是背叛，从这个角度来说，一个想要不断创造价值的企业，在忠诚与背叛之间，是否会选择后者，答案当然是否定的。这里所说的背叛不仅是指行为上的，还有理念上的，怀有二心的员工不能以全身心的热情来投入工作，他们对工作本身并没有融入太多的情感和信念，因而他们无法把工作做得尽善尽美，也体会不到工作所带来的快乐。

实际工作中，常常听到有的人这样说："我已经在这家公司工作很长时间了，可是对自己一点儿帮助都没有，像这样的破公司，值得我去为之卖命吗！"但是，这样的员工，你也应该反问一下自己："为什么我的同事在这家公司能够获得发展，而我就不行呢？"另外，你还得明白一个道理：与其这样抱怨公司，让你如此痛苦，为什么还不选择离开呢？也许选择了离开，痛苦不也就解除了吗。如果留下来的决定是经过深思熟虑做出的，那就应该全力以赴，表现出积极、热情的工作态度，否则，还不如早点离开公司，因为任何公司都不想要得过且过、做一天和尚撞一天钟的员工。

因为忠诚是对事业负责的动力，忠诚的态度是敬业的土壤，只有在这样的土壤上才能收获最丰硕的果实。有些人之所以离开以前的企业，可能是因为他觉得自己不能胜任当时的工作，也许是不满意公司的管理，也许是薪水没有达到自己的要求。然而，忠诚的人不在于是否总在一家公司工作，而在于他能一直对工作、对公司保持着负责的态度，对现有的工作保持高度的责任感。他们能全力以赴地面对自己的工作，把职场中的每段时光都作为自己毕生事业的一部分。

能力在没有忠诚为前提的条件下，就显得逊色，没有哪家公司会对一个有着卓越才能但不忠诚于公司的员工委以重任，相比较而言，那个富有忠诚感的员工即使没有耀眼的才华也能在事业上芝麻开花节节高。换言之，如果才能和忠诚两者都具备，当然就会与众不同。

员工对工作的忠诚所带来的价值对于公司来说是一笔宝贵的财富，也是一种良好的企业形象，企业需要这样的员工与之一起成长。

忠诚是一种荣誉

忠诚是对事业的坚信，不论狂风暴雨、惊涛骇浪的打击都不会动摇。同样，忠诚也是对友情拥有大海一样的胸襟，能使你得到永恒的情义。

王刚是一家软件公司的开发人员。由于公司改变了发展方向，使他觉得已经不适合这份工作了，所以决定换一份工作。

以王刚的实力要找一份工作是很简单的事，在找工作期间有许多企业找上了他而且抛出了令人心动的条件，但条件的背后是要求王刚出卖以前的公司，所以这些企业的邀请都以失败而告终。

　　一次，王刚到了一家大型企业面试，对王刚进行面试的主管是人力资源部主任和负责技术方面的副总裁。他们在面试当中提出了一个令王刚非常失望的要求。"我们欢迎你到我们公司来工作，对于你的能力和资历我们都没有任何不满，我听说你以前所在的公司正在开发一个新的适用于大型企业的应用软件，据说你也参与了开发，能否透露一些你们的情况，你知道这对我们企业也很重要，而且这也是我们为什么在意你的原因。"总裁说。

　　王刚很生气："你们问我的问题令我很失望，看来市场竞争的确需要一些非正常的手段。不过，我也要令你们失望了。对不起，我有义务忠诚于我的企业，虽然我已经离开了，但无论在什么情况下我都必须这么做。与获得一份工作相比，信守忠诚对我来说更加重要。"王刚说完后就走了。

　　同样在这家公司面试的许多应聘者也经过了总裁的问话，相对于王刚来说，他们没有做到对公司的忠诚，把公司的情况都说了。

　　几天后王刚收到了这家公司的信。信上写着："你被录用

了，不仅仅因为你的专业能力，还因为你的忠诚。"而其他的应聘者却没有得到任何回应。

每个人都应该树立起诚实守信的品格，只有他们诚实守信，才会对自己负责，才会关爱身边的一切事物，才不会丧失忠诚。在他们看来，如果不诚实守信，这就是对责任的最大伤害，也是对自己品行和操守的最大亵渎。

为坚守忠诚所付出的代价，得到的是荣誉。

为丧失忠诚所付出的代价，得到的是耻辱。

作为一名员工，无论你是否优秀，要想获取成功，希望被老板委以重任，你需要抛开自己的外骛之心，把自己真正地投入进去，用自己的忠诚去换取你所渴望的回报。

工作中只要真诚地忠诚于自己的企业，那么，就会全身心地融入企业中，为企业尽职尽责，处处为公司着想，理解老板的苦衷。这样你就会成为老板心目中值得信赖的、可以委以重任的员工了，你也得到了永远不会失去工作的重要保障。

相反，那些在工作中投机取巧、给自己寻找借口、工作中怀着应付老板的心态来做事的人，就算再精明能干，也不可能得到老板的重用和重视。

是否有良好的职业道德，需要用忠诚来衡量。忠诚体现在你对待工作是否尽职尽责、积极主动，忠诚的人从来不会给自己寻找任何借口。

工作中，忠诚于你的企业，忠诚于你的老板，其实是忠诚于你自己。真正的忠诚并不是一味地阿谀奉承，更不是用嘴巴就能够说出来的，它需要经受住一定的考验。

一个优秀的员工，是一个具备忠诚美德的人。忠诚于公司，就是全心全意地为公司着想、为公司贡献、不做有损公司利益的事。

有一位成功者说过："自身价值的创造和实现依赖于忠诚。"当你因为忠诚主动对老板负责、加倍付出时，老板就会对你的所作所为更加重视，也会让你担当更加重要的职位。

忠诚是一种美德，同时也是一种职业修养。一个对公司、对老板忠诚的人，并不是仅仅对企业忠诚那么简单，还必须忠诚于自己，忠诚于自己的专业，忠诚于自己的国家、社会。

在家里，我们要忠诚于自己的家人。作为一个老板或员工，我们首先要忠诚于自己的专业。

自始至终我们都在对自己负责，公司用我，因为我有利用价值，因为我是专业的人。专业是我们每个人生存和发展的基础，也是取得事业成功的第一保证。有人说老板要用"奴才+

人才"的人，其中的"人才"就是专业的人。一个对自己的专业都不忠诚的人，怎么能取得别人、企业的忠诚呢？所以，在工作中要有这样的理念：首先要忠诚于自己的专业，毕竟自己所拥有的一技专长才是我们存在的价值。第二才是要对我们所在的公司忠诚。

为什么这么说呢？因为当我们在一家公司工作的时候，我们的生活资源就来源于我们所工作的企业。在这样的理念下，当我们工作的时候我们就要有这样的心态，我为公司工作，公司付我薪水，我就必须为公司付出。企业有企业的发展轨迹，个人有个人的发展轨迹，任何职业生涯规划都不可能让两者完全重合。公司给我提供了这样的发展空间，我要充分利用这个空间发展自己的专业技能，不断提升自己的市场价值。如果我们具有了这样的心态，我们才能为公司做出更大的贡献。所以说，当我们在追求职业发展的时候，我们必须要做到两点：一是要忠诚于自己的专业，二是要忠诚于为我们提供工作的企业。

做一个忠诚卫士

如果一个人缺乏忠诚，他的其他能力就失去了用武之地。忠诚是一种能力，它是其他所有能力的核心，因为没有任何一个企业或老板愿意用一个缺乏忠诚的人。

有一个叫张洛的年轻人，他在一家公司上班。在那里他认识了一个叫王阳的同事。王阳看到老板非常重视张洛，对张洛的许多建议都给予采用，于是找到张洛，请求张洛在老板面前为他多说些好话，让老板重视他。

张洛对于王阳的过去并不是太了解，但他们认识之后，一直都是好朋友。他也想帮王阳，于是找了一个机会在老板面前说了王阳的事，希望老板也能重用王阳。

可是老板的回答让张洛很吃惊。因为王阳以前也在一个公司工作过，后来王阳拿着这家公司的核心技术投入了现在的公司。如果老板重用了王阳，当他再掌握了公司的核心技术以后，有一天，王阳也一定会出卖这个公司的。

许多人在面临忠诚与背叛的选择时，往往让背叛的一时拥有给蒙蔽了，他们只看到背叛后可以立刻拥有的金钱，却没有看到忠诚后的未来是什么样子。

当然，当为了某种利益背叛公司时，虽然背叛者可以从第三者那里获取一笔不可告人的利益，但是，在事交易结束后，这种人的品格甚至连第三者都会看不起他。在第三者看来，背叛者的这种行为，如果东窗事发，除了受到法律的制裁外，还会受到道德的谴责以及来自良心上的不安。

是啊！一个不够忠诚的人，一个出卖公司的人，是不可能得到任何一个老板重用的。有了背叛的第一次，肯定会有第二次，如果重用了这种人，那么，下一个受害者肯定会是你。对于这种人，要采取拒之门外的方法，就算他是公司的老员工，也应该想办法让他另寻高就。

任何一个人只要失去了忠诚，也就失去了人们对其最根本

的信任。当你获取了一定利益的时候，你不要为自己现如今的利益而沾沾自喜，因为你所获得的东西可能最终不属于你。你只要静下心来仔细想想，就会明白当你在为获得一定利益而沾沾自喜时，你所失去的远比获得的多。

对于一个公司来说，忠诚是非常重要的。忠诚会使公司的效益得到大幅度的增长，也能增加公司的凝聚力，使公司更具竞争力。因为，只有许多对公司忠诚的员工在一起，才能组建起一支忠诚、能干的团队。

《致加西亚的信》教会我们如何做一名忠诚敬业的好员工：忠诚和敬业是相互融合在一起的。忠诚在于内心，敬业在于工作上尽职尽责、善始善终、一丝不苟、兢兢业业。忠诚是一种责任、一种操守，忠诚还是一种品格。将忠诚和敬业养成一种习惯的人，就能从工作中学到更多东西，积累更多经验，他们会受人尊重，即使没有取得什么了不起的成就，他们的精神也能感染他人，也能引起他人的重视和关注。

在任何时候，企业的资源都是有限的，即使是世界500强的前三名，也不能保证应有尽有，而且在这样的企业里执行任务，也不是你所想象的那么容易。至于那些处于成长期的中小企业，就更不用说了。所以，不论你所从事的是什么职业，你

都应该忠诚于自己的公司，因为忠诚于公司对你来说是有益而无害的。

忠诚让你成为赢家

一个不够忠诚的人，是没有人愿意帮助他的。出卖公司的人是可耻的，没有任何一个老板敢用这种人，老板需要的是"忠诚的人"。

有这样一名员工，他在老板出差的时候，把公司的所有销售客户资料出卖给另外一家公司，一段时间后，这家公司的客户慢慢流失了，导致公司陷入了前所未有的困境之中。

没有谁知道是怎么一回事，为此，销售部经理辞职，一些部门高层也认为是自己没有把事做好，于是纷纷辞职走了。

面对这些离开公司的员工，老板感到很对不起他们，因为

他知道是什么原因造成公司现有的局面。

"我很难过公司出现了这样的事，我向大家表示我的遗憾，现在公司的资金出现了大量的周转困难，为此，我给大家发了两个月的工资，作为公司给予你们的补偿，也许这些钱不能让你们支持到找到下一份工作。但是，这是我最大的限度了。你们想离开的员工，我都会批准的，因为我已经没有挽留大家的理由了。"老板说。

"老板，你放心，我们是不会走的，我们不能在这个时候离开。通过大家的努力，公司一定会好起来的。"一部分员工说道。

由于有这样一部分员工带头，公司的员工大部分都留了下来，经过一年多的努力，这家公司非但没有倒闭，反而比以前做得更好了。那些留下来的员工，也获得了更多的回报。

通过忠诚，表现出了你个人的品质，也表现出了你对公司所做贡献的决心。如果你一如既往地对你的公司忠诚，并在公司遇到风浪时与公司同舟共济，那么，你会享受到忠诚所带来的回报。

日本的大部分公司都很少出现员工跳槽的情况，因为日

本的公司要求每一位员工都要做公司的忠诚战士，为公司尽忠效力。松下公司有一批技术员工，他们的平均年龄都在50岁以上，这些人最少的也工作了20年，但是他们从来都没有想过要离开松下。当别人问起他们原因时，他们不用考虑就回答：我们在公司能愉快地找到自己的位置，公司也需要我们。这就是优秀员工对公司所表现的忠诚，这些忠诚的员工也得到了很好的回报，他们都有公司所奖励的豪华别墅。

显然，任何一家公司都需要这样忠诚的员工。

工作中，有一个普遍的现象，一旦你表现出色，你的老板便会给你更加优厚的待遇，希望你能够继续留在公司。如果你通过实际行动证明了你留在公司的决心，老板会对你更加信任。

从表面上看，忠诚的受益者是老板，其实，你所付出的每一份辛勤，都使你深受公司的信任、老板的重视。在责任与承诺面前，你的忠诚会使你的价值有所升值。

现在，有许多老板都会让员工签订一个合同，或者扣压员工一部分工资。实际上，正是当今工作变动的频繁让老板惊心。他们希望有稳定的人事，如果熟悉工作的员工一个个流失，新来的员工又要一笔不低的培训费，他们会直接面临着利益损失。鉴于此，他们会更加珍视那些自愿留下来的老成员。

　　忠诚还需要拥有一颗热爱公司的心，有一个人在公司大会上发表了一篇文章：公司是一个大家庭，我就是她的孩子，我喜欢这个家庭，也喜欢这个家庭中的每一位成员。我到这里以后，我对这个家产生了深刻的依恋和热爱，她以母亲般的宽容关爱着每一个孩子，这其中有我们彼此的关爱、共同成长、共同进步。在我的心里，我愿意为她承担责任，我忠诚于她，这是我对她的回报，也是对她深深的爱和支持。

　　一个员工如此热爱自己的公司，又如此忠诚于公司，你能说这样的公司得不到发展吗？

　　忠诚的人会得到许多荣誉、物质的奖励，而那些不忠诚的人，只会得到别人的怀疑、丢失成功的机会。虽然，你通过忠诚工作所创造的价值大部分并不属于你个人，但是你通过忠诚工作造就的忠诚品质完完全全属于你，因此在人才市场上你将更具竞争力，你的名字也更具含金量。

　　从某种意义上讲，忠诚于公司就是忠诚于自己的事业，就是以一种新的方式为我们自己所从事的事业做出贡献。

　　忠诚不仅仅是国家的需要、老板的需要、企业的需要，更是你自己的需要，因为你要靠忠诚来立足于社会，行走于未来。

　　在当今这个竞争激烈的社会，忠诚受到了前所未有的推崇，很多企业的人力资源管理者已经开始从过去单纯地关注个人能力转变到现在关注个人能力和忠诚度两方面，这是令人欣慰的事。可有些人却认为，忠诚的受益者只有老板，他们不可能从中得到什么，究其原因，是因为他们把忠诚视为一种付出，认为忠诚只是老板的需要。

　　你在忠诚于企业、老板、上司以及同事的过程中，你能够从中获取更多的价值：你忠诚的同时，也会得到忠诚的回报，当企业发展了，壮大了，你作为企业的一员，难道不会因此感到骄傲吗？如果你所在的企业有幸进入了世界500强，虽说你只是其中的一个部门经理或主管，但你的自身价值是其他一般公司的高层可以比拟的吗？再者，忠诚本身也是生存和发展的一种需要，你自己也从忠诚中受益不少。

　　企业需要你的忠诚，老板需要忠诚，你同样需要忠诚，因为忠诚背后，你才是最大的赢家。

忠诚需要感恩之心

忠诚不仅是一种品德，更是一种能力。如果一个人缺乏忠诚，他的其他能力也就失去了用武之地，因为没有任何一个组织愿意使用一个缺乏忠诚的人。

陈强是一家公司的业务部副经理，他年轻能干，业绩是全公司最好的，在短短一年时间内，他从普通职员升职到业务部的副经理，在他成为副经理的半年后他却悄悄地离开了这家公司。

是什么原因让陈强悄悄地离开公司呢？因为陈强在担任副经理的时候，收过别人一张支票。当他把这件事告诉上司的时候，上司告诉他：这张支票不需要入账了，大家都是这么做

的，你还年轻，以后多学着点儿。陈强在这样的环境里工作一段时间后，他也断断续续地收了一些钱，当然，他的上司拿到的更多。好景不长，他们的事让老板知道了，上司辞职走了，陈强也没有办法继续在公司待下去，只好步入上司的后路，主动辞职。

陈强对公司已经失去了最基本的忠诚，在这种情况下他还能在公司待下去吗？答案是不能。

忠诚不是一种纯粹地付出，忠诚会有忠诚的回报，同时忠诚还需要一颗感恩的心。

一个人具备了忠诚的品德，还要有一颗感恩的心。只有对老板感恩，对公司感恩，对同事感恩，我们才能活得踏实，过得开心。试想一下，工作是不是老板给的？工资是不是老板给的？经验是不是老板给的？机会是不是老板给的？难道不需要感谢吗？有三件事必须马上行动，不然就来不及，这三件事就是尽孝、行善、感恩。

对自己所处的工作环境、公司、产品、服务、同事、职位等的了解，是你对公司忠诚的第一步，如果你没能把这些都了解清楚，你就无法去忠诚你的公司、你的老板。作为公司的一员，你必须清楚知道公司的发展目标和方向，只有这样才能对自己的工作目标、前进方向做出一个正确的判断，从而从根本上获得工作热情和动力，也可检验自己的知识结构和努力程度。

一个不够忠诚的人，是没有人愿意帮助他的。出卖公司的人是可耻的，没有任何一个老板敢用这种人，老板需要的是忠诚的人。

忠诚不仅仅是老板的需要，同样也是员工的需要。你的工作是企业给你的，并且让你的生活得以维持；在公司的利益当中，也有一部分利益是属于你的；你现在的舞台也是企业给你的，也许这个舞台并不尽如人意，但它可以展示你的才华，让你有机会来证明你的能力。所以，你应该好好想想，如果这个企业只是老板的，那么，老板一个人有能力来运作这个企业吗？所以企业同样是你的，当企业得到了发展，取得了很好的声誉时，这些声誉当中也会有你的一份。

所以，老板需要忠诚，你同样需要忠诚。因为忠诚背后你才是最大的赢家。

另外，忠诚还要考验你个人的品质，如果你怀有一颗感恩的心，就不会受到别人的怀疑，怀疑你对公司会产生许多不利的因素。可是，感恩的心并不是任何一个人都能怀有的，所

以，你需要接受时间的考验。

　　只有学会感恩，才能增强我们对生活的无限向往，才能让我们对一切事物发出坦率的赞赏。有许多人，总是把别人给予的东西视为理所当然。生活中的事，永远没有大与小之分，只要是真正的幸福，我们都应该去学着寻找和品味它的艺术，这是很重要的。在工作中，我们也应该如此。

　　所以说，当你具备了一颗感恩的心时，同时也具备了一种美德，这种美德会使你在工作中更加忠于职守，更加奋发图强。同时，当你具备了感恩的心时，这颗心还会时刻提醒你，不要忘了感谢与你朝夕相处的人。毕竟在与他们相处的过程中，他们理解过你、支持过你，在你最痛苦的时候，他们也帮助过你。

　　即使他们并没有竭尽所能地去了解你的心、你的能力，没有全心全意给予你帮助，你也要感谢他们。因为他们给你提供了学习不完的工作经验、人生经历，他们也为丰富你的生活做出了自己的努力。你要感谢与他们的每一次谈话、每一次聚会、每一次面对困难共同前进的努力。

忠诚是没有借口

　　不给自己寻找借口，是忠诚的表现之一。为什么这么说呢？原因很简单，忠诚的人知道自己的职责是什么，知道什么是尽职尽责，绝不会用借口为自己开脱。以上这三点就足以证明没有借口是忠诚的表现之一。

　　那些对工作、对自己忠诚的人知道自己是组织的一分子，组织的命运与自己的命运休戚与共。因此，在他们心中，只有"我们"，没有"你"和"我"，也没有"应该""也许"或者这样那样的借口，有的只是军队般的回答"是""不是""行、"不行"等。他们不会用借口来把自己和组织区分

开来。忠诚的人主动争取任务，并努力地去执行，他们从来不会说"这不是我的责任""这不是我的错""本来不会这样，可条件不具备"等。忠诚的人懂得立即行动，绝不会用借口来拖延，甚至试图改变组织的决定。

借口，是无处不在的，只要你有一丝的松懈，它就随之而来。在企业里，为自己的失误和失败寻找借口，是许多员工最容易犯也经常犯的一个错误。逃避责任是缺乏忠诚和敬业精神的人的一种强烈的本能。在面临"有利"和"不利"的情况下，他们选择"有利"时纯粹是从个人利益的角度去选择，甚至采取欺骗手段。

其实，这些找借口的人，他们本来的目的是想通过辩解来证明自己没有错，以求得上司或老板的谅解。可事实上，他们这样做不仅不能达到目的，反而破坏了自己在上司或老板心目中的形象，在老板心里留下了一个不敢面对现实，不敢坦白自己的失误，不敢承担责任的坏印象，你的辩解，可能逃避了一次失误的处罚，但你可能永远也得不到晋升和被重用的机会了。

想做一个成功者，那么你必须明白，不管是在什么地方，什么样的企业，任何一个老板要的不是借口，而是尽可能完美的工作成果。老板们没有哪一个会喜欢一个总为自己找借口的员工。

错了就是错了，我们应该勇敢地去面对，不要害怕失败，不要害怕错误，成功就是在这样、那样的失败和错误中产生的。当我们认识到错误的时候为什么不去勇敢地面对自己的失败和不足呢？

李雄说过："寻找借口的人生，是失败的人生。与其找一大堆借口，不如坦诚地剖析自己的失误，为下次工作总结出有用的经验。"这句话正好为我们解答以上的那个问题。

很多时候，我们会听到同事，或者朋友说些这样的话："算了，太困难了，到时老板过问起来，我们就说条件太缺乏"，或者说"不去做了，到时对老板说人手不够"。这样的同事、这样的朋友多么令人失望啊，他们找借口不仅是逃避责任，更是对自己能力的践踏，对自己开拓精神的扼杀。找借口的人通常都是没有尝试，就已经放弃了。也正是由于这样，他们失去了重要的成长机会，因为只有在工作中、在尝试中，你才能学习更多的技能，积累更多的经验。

忠诚于企业的员工富有开拓和创新精神，他们不会在没有努力的情况下，就事先找好借口，而是会想尽一切办法完成公司交给的任务。条件不具备，他们会创造条件；人手不够，他

们知道多做一些，多付出一些精力和时间。忠诚的人不管被派到哪里，都不会无功而返。

找借口的人很多，我们往往在坐公交车、公园里散步、餐馆里吃饭或者和几位朋友一起聚会时都会听到这样的话："我真倒霉，我怎么没有这种好机会？如果我有这么好的机会，我也不会失败了……"其实，对于说这些话的人来说，他们的失败不是因为没有机会，而是因为他们自己没有去创造机会。所以我希望那些曾经找借口的人，不要再为自己找借口，因为机会是不容等待的。同时，机会也是你们自己创造出来的。

亚历山大大帝在某一次战斗胜利后，继续向另一个城市的敌军发起进攻，这时有个将军问他：我们为什么不等待着机会的来临，再去进攻另一个城市，而是现在去攻打呢？也许现在不一定是好时机。亚历山大大帝否定了他的看法，这就是亚历山大之所以伟大的原因。也正应验了一句话："唯有去创造机会的人，才有可能建立轰轰烈烈的丰功伟绩。如果一个人做一件事，总要等待机会，那是非常危险的。一切努力和渴望，都可能因等待机会而付诸东流，而机会也许最终也不可得。"

有许多人肯定地说："一次好的机会是打开成功大门的钥

匙，一旦有了机会，便能稳操胜券，走向成功。"事实确实如此，无论做什么事，机会一来，那么成功也就不远了，但是在我们得到了机会后，还要通过我们的不懈努力，这样才有成功的希望。

第四章

全力以赴，做到最好

没有什么不可能

　　"没有什么不可能"是美国西点军校传授给每一位学员的工作理念。它强化的是每一位学员积极动脑，想尽一切办法，付出艰辛的努力去完成任何一项任务，而不是为没有完成任务去寻找托辞。

　　看看我们常用的借口，许多我们认为是不可能的事，其实只不过是不愿意去做罢了

　　例如，某个人说，我真的很想去读个本科，不过这当然不是不可能的事。

　　事实上，他的意思是说，如果他要去读本科，他需要做

到：一要努力工作，多赚一份工资或者拿着公司的最高奖金；二要储备足够的知识以便获得入学资格；三要申请贷款、节俭消费；四要业余时间用来学习而不是玩。

很明显，他所谓不可能，只不过是他不愿意去做到这几点而已，他认为去读这个本科不值得花这么大的代价。

再如某个人说"真希望有一间自己的小房"，这句话他说了23年，到现在却还在租房。他的意思是说，真希望自己不必加倍赚钱，不必努力工作，不必节俭消费，就能够免费拥有房子。

他可能会说，现在赚钱很难、物价太贵了、老板太苛刻了，这就是借口。

"没有任何借口"就是不找任何理由、不设定任何条件，一开始就全力以赴去做。"报告长官，没有任何借口！"这是西点军校学生最常听的一句话，但它却成了一种很实用的方法，应用这种方法你就能在生活中的各个领域达到成功。他们在尽全力依旧完成不了目标的时候，依然不找任何借口，直到把任务完成。"没有任何借口"的最终的结果只有一个：执行任务，然后完成。那些凡是没有完成任务的人，就是为自己找借口的人。

很多人想要结果却又不愿意去努力。多数人会选择借口而

不是理由来度过自己的人生。但是，不能成功、不能做好的借口，都可以转化成为恰恰要做好的理由。

经常会听到这样的话："我无法成功，因为我太年轻了。我无法成功，因为我太老了。我无法成功，因为我是女人。我无法成功，因为我学历不高。我学历太高了，思想性太强，所以不行动，没有办法成功。"这就是人们给自己找的借口。

借口可能都是事实，但借口能不能帮你成功，能不能帮你达成你要的结果，才是你需要认真思考的事。

取胜才是硬道理

任何的困难与挫折或者是不幸的发生，都不是你需要重视的重点。你需要重视的是你应该如何看待它。如果你将它视作不可战胜的，那么它将变得无法逾越；如果你视它为无物，它将变得无足轻重，甚至还会成为磨炼你意志的一次机遇。

只有获胜，才能赢得生存所需的资源；只有持续获胜，才能得到拓宽并发展自己的空间和领地，才能从竞争的包围圈中脱颖而出。

正如比尔·盖茨所说的："这个世界不会在乎你的自尊，这个世界期望你先做出成绩，再去强调自己的感受。"

中国改革开放的总设计师邓小平曾有句名言："不管白猫还是黑猫，只要能抓到老鼠就是好猫。"在现代市场经济中，任何个人、企业、团队在市场竞争中如果没能获胜或保持领先优势，要想实现基业长青或获得成功那是不可能的，而其最终的结果自然是被市场和社会淘汰。那么存在的意义，也就无从谈起！

以美国硅谷为例，在这块弹丸之地分布着数千家科技公司，均从事IT技术的研发、生产和销售，竞争异常激烈。不仅于此，每年还有数百家新公司诞生，与此同时又有几百家公司如过眼烟云般消逝。正是这种残酷无情的竞争环境，逼迫硅谷人不断拼搏、不断奋进、不断创新，从而使一些极具竞争意识和竞争优势的企业快速崛起，并推动了IT产业的迅猛发展。

可以说一场无法获胜的战役，一次无法胜出的比赛，一项不能获得利润的投资，不仅是一次蹩脚的作秀和消耗体能的运动，而且还可能是一次难以复生、全军覆灭的重创。

只有获胜，才能赢得生存所需的资源；只有持续获胜，才能得到拓宽并发展自己的空间和领地，才能从竞争的包围圈中脱颖而出。一个总是打败仗的团队，它的命运只能是被他人整编、变卖或并购；或者在竞争的挤压下，失去生存空间，破产直至消亡。

　　如今，百年老店为数不多，而一些存活了两三百年仍保持旺盛生命力，并不断赢得佳绩的企业就更是寥寥无几。大多企业仅是三五年的存活期，随即光华尽失、"香消玉殒"了。生命力之脆弱，生命周期之短暂，无不令人扼腕痛惜。这些企业的死因或许有多种，但有一点是共同的，那就是都忽视了每一项投资、每一次并购、每一个计划、每一步行动所要达成的结果。许多企业管理者热衷于行动，却无视结果。迷恋于行动的过程，却忽视了结果才是行动的根本。本末倒置，导致无人关心结果，无人对结果负责。

　　结果是什么？结果是行动的落实、目标的实现、任务的达成，是赢得胜利，取得成功的标志！一次没有结果的行动，是无效的，是没有价值的；而一次与目标结果相反的结果，则是具有破坏性和毁灭性的，会毁掉一个企业！以结果为导向，才能确保每一次任务、每一个行动，都具有实际效用和价值！

　　有些企业管理者雄心勃勃，制订了一些非常宏伟的战略计划，却在实际运作中屡屡受挫，不仅战略计划无法实现，员工的自信心大受打击，企业也陷入市场和财务双重窘境，难以自拔。究其原因，就是他们将行动与结果分离，甚至将结果抛至一边，一味地为了行动而行动。

　　塔费奇公司是美国一家生产精细化工产品的企业，经过五年打拼，逐渐由小到大，发展为年产值为数亿美元的企业。为了快速扩张，该公司在养殖、饲料加工、包装等传统项目上闪电出击，又先后投入巨资在医药、软饮料、房地产等多个经营项目上，跨地区、跨行业收购兼并了十多家经营状况不佳，扭亏无望的企业。由于投资金额巨大，经营项目繁杂，经营管理人才欠缺，塔费奇公司背上了沉重的包袱，从而走上了一条自我毁灭之路。

　　事实上，无论制订何种发展战略，实施何种管理模式，采用何种先进技术，最重要的是，能产生何种效果，能为企业创造多少利润，能使企业有多大提升。

　　所有的企业家和管理者都注意到了"执行力"这个问题，并且把"执行力"提升到关系企业生死存亡的高度。那么，执行力到底是什么呢？简单地说，对于员工，执行力就是把想做的事做成功的能力，也就是事的结果。

　　许多人说："结果并不重要，重要的是过程。"这是一种非常不实际的观点，怀着这种所谓的"超然"心态去做事，其结果只能是失败。可以说人们对于成功的定义，见仁见智，而失败却往往只有一种解释，就是一个人没能达到他所设定的目标，而不论这些目标是什么。

在现代社会，这种以结果为导向和评价标准的思维已经成为一种共识。不论你在过程中做得多么出色，如果拿不出令人满意的结果，那么一切都是白费。的确，没有结果的付出只是在做无用功。竞争就是这么残酷无情，不论你曾经付出了多少心血，做了多少努力，只要你拿不出业绩，那么老板和上司就会觉得他付给你薪水是在浪费金钱。相反，只要你有傲人的业绩，老板们就会重视你、认同你，而不管你的过程是否完美、漂亮。

在今天，你是因为成就而获得报酬，而不是行动的过程；你是因产出而获得报酬，而不是投入或者你工作的钟点数。你的报酬是取决于你在自己的责任领域里所取得成果的质量和数量。

在现今社会只有获胜才是硬道理，才是你挺胸做人、傲视群雄的资本。

高标准要求自己

99％的努力+1％的失误=0％的满意度，也就是说，你纵然付出了99％的努力去服务于客户，去赢得客户的满意，但只要有1％的失误、瑕疵或者不周，就会令客户产生不满，对你的印象大打折扣。

在数学上，"100-1"是等于99，而企业经营上，"100-1"却等于0。

一千次决策，有一次失败了，可能让企业垮掉；一千件产品，有一件不合格，可能失去整个市场；一千个员工，有一个背叛公司，可能让公司蒙受无法承受的损失；一千次经济预测，有一次失误，可能让企业破产……

水温升到99℃，并不是开水，其价值有限。若再添一把火，在99℃的基础上再升高1℃，就会使水沸腾，产生的大量水蒸气就可以用来开动机器，从而获得巨大的经济效益。许多人做到了99％，就差1％，但正是这点细微的区别却使他们在事业上很难取得突破和成功。

也许对企业而言，产品合格率达到99％，失误率仅为1％，质量似乎很不错了，但对每个消费者而言，1％的失误，却意味着100％的不幸！

曾经有一家电热水器生产厂，声称自己的产品质量合格率为99％，各项指标安全可靠，并有双重漏电保护措施，让消费者放心使用。然而一位消费者购买了该厂的电热水器，却不幸摊上了1％的失误。

跟往常一样，他未关电源就开始洗澡，没想到，热水器漏电，而漏电保护装置又失效，以至于他被电流击倒，一条胳膊就废了。按说，带电使用电热水器属于正常操作范围，不应出现这一故障，即便发生漏电，漏电保护装置也会立刻断电，以确保使用者的安全，然而，这家企业满足于99％的合格率，却

给那位消费者带来了巨大的伤害。

由此不禁令人担心，是不是还会有下一个、再下一个消费者也会摊上这样的不幸呢？如果企业不高度重视这1％的质量失误，不仅消费者的生命安全得不到保障，企业的生存也难以延续下去。试想一下，人们知道后有谁还敢买这样的"危险品"？肯定无人购买，那么公司也就无法发展下去，只有关门大吉。

优质的产品，是客户选择你的第一理由，否则，客户根本不可能向你"投怀送抱"，更不可能将其"钱包份额"给你。对此，海尔公司深有体会，并有许多令人称道的做法。

一次，海尔公司副总裁杨绵绵在分厂检查工作，在一台冰箱的抽屉里发现了一根头发。她立即召集相关人员开会，有的人私下议论说一根头发丝不会影响冰箱质量，拿掉就是了，何必小题大做呢？杨绵绵却斩钉截铁地告诉在场的干部和职工："抓质量就是要连一根头发丝也不放过！"

又有一次，一名洗衣机车间的职工在进行"日清"时，发现多了一颗螺丝钉。职工们意识到，这里多了一颗螺丝钉，就有可能哪一台洗衣机少安了一颗，这关系到产品质量和企业信誉。为此，车间职工下班后主动留下，复检了当日生产的1000多台洗衣机，用了两个多小时，终于查出原因——发货时多放了一颗螺丝钉。

有这样一个案例：每到节庆日，一位采购人员都会收到与其有业务往来、合作非常愉快的一家公司的贺信，而且每张贺信上都附有该公司的总裁签名。有一次，他遇到产品上的一个技术性的问题，打电话向那家公司的技术人员咨询，结果电话转来转去，最后总算转到一位技术人员那里，但这位技术员既不热情，也无耐心，让他上公司的网站去查看。就这样，他的问题仍然未得到解答，技术人员就匆匆挂断了电话。

这人极其愤怒，打电话请求前台小姐，帮他把电话转给那位在贺信上签名的公司总裁。前台小姐却说老总很忙，无法接听电话，此时，他已由愤怒、懊恼到对该公司十分失望了。没过多久，这位采购人员便将全部的业务转给那家公司的竞争对手了。

虽然那家公司以往都做得很好，关怀客户方面似乎也做得不错，但它仅是从自身利益和角度考虑问题，并未切实关心客户的需要。当客户请求帮助时，工作人员却态度生硬，推三

阻四，没有真心实意替客户排忧解难。结果，服务上的这一纰漏，断送了自己的生意。

千万不要得意于99％的成功，只要你还有1％的失误和不足，你的成功就是不完满、有缺憾的，随时可能被他人替代和颠覆。就像特洛伊战场上的阿喀琉斯，纵然有千钧之力和金刚不破之身，但因马蹄上那一点儿小小的破绽，便使其横尸疆场，无以复生。

无论是企业还是个人，只满足于99％的成功和优秀，都是骄傲自满、不思进取的表现，不可能有什么大的作为和发展，更不幸的是，当竞争结构发生变化时，他很可能是第一个被市场抛弃、淘汰的人。

其实，做到零缺陷、零失误并不难，只要每个员工时刻保持高度的责任心和敬业精神，把永远不向消费者提供劣质的产品和服务作为企业的道德底线这一思想深植于心，用做人的准则做事，用做事的结果看人，就能赢得客户的满意和回报。

因此，在工作中你应该以最高的标准要求自己。能做到最好，就必须做到最好，能完成100％，就绝不只做99％。只要你把工作做得比别人更完美、更快、更准确、更专注，动用你的全部心血，就能引起他人的关注，实现你心中的愿望。

永远别说"不知道"

在工作中，每当事办砸、任务没有完成的时候，我们听到最多的就是"我不知道""我不知道怎么会这样""我想尽了办法，但不知道怎样才能改善""都是他们出的主意，我不知道他们的初衷"……或许事确实像你所说的那样，也许你真的是什么都不知道，但是这样的态度却不可原谅，可以说这是典型的不负责任的态度。

因为不论是一个什么样的组织机构，彼此之间总会有着某些直接、间接的关系，所以在遇到问题和困难时，我们所应该做的就是要想办法怎样去解决问题，而不是只两手一摊说"我

不知道"，把自己撇得干干净净。

麦克是一家家具销售公司的部门经理。有一次，他听到一个秘密消息：公司高层决定安排他们这个部门的人到外地去处理一项非常难缠的业务。他知道这项业务非常棘手，难度非常大，所以便提前一天请了假。

第二天，上面安排任务，恰好他不在，便直接把任务交代给他的助手，让他的助手向他转达。当他的助手打他的手机向他汇报这件事时，他便以自己身体有病为借口，让助手顶替自己前去处理这项事务。同时他也把处理这项事务的具体操作办法在电话中教给了助手。

半个月后，事办砸了，他怕公司高层追究自己的责任，便以自己已经请假为借口，谎称自己不知道这件事的具体情况，一切都是助手办理的。他想，助手是总裁安排到自己身边的人，出了事，让他顶着，在公司高层面前还有一个回旋的余地，假若让自己来承担这件事的责任，恐怕有被降职罚薪的危险。但是，纸是包不住火的，当总裁知道事的真相后，便毫不犹豫地辞退了他。

与之相反，20世纪末，在美国得州的瓦柯镇一个异端宗教的大本营内，发生了邪教徒的父母被杀事件，同时，在这次事件中，还有10名正在查案的联邦调查局的探员也遭到杀害。可以说在当时这是一件震惊美国的大事，也正是因为这次事件，负责该案的美国司法部部长珍纳·李诺在众议院遭到许多议员们的愤怒指责，他们认为她应该为这起惨剧负责。

　　面对千夫所指，珍纳颤抖地说："我从没有把他们的死亡合理化。各位议员，这件事带给我的震撼远比你们想象的要强烈得多。的确，他们的死亡，我难辞其咎。不过，最重要的是，各位议员，我不愿意加入互相指责的行列。"很明显，她愿意为这次事件担起所有责任，接受谴责，并愿意去积极想办法来处理好这次事件。同时她的这番话也使众多的议员们为之折服，大众传媒也深受感动，所以也就没有去过多地责难她。

　　另外，因为她一人担起所有的责任，没有推卸，也使本来会给政府带来灾难性后果的指责声音减弱了。那些本来对政府打击邪教政策抱有怀疑态度的民众，也转变观念，开始支持政府的工作，所以尽管这是一次不幸的事件，却有了一个满意的处理结果。

　　面对指责勇于承担责任，显然是处理危机、解决问题的有效途径。现在公司里缺少的正是像珍纳这样高度负责的人，其实老板最赏识的也正是这样的员工。承担起责任来吧，永远不要说"不知道"。

关注每一个小错误

承认错误、勇担责任应从小错开始。假如你总是无视小错，而不去关注它、改正它，那么，失败和低水平表现就会变成理所当然的事。

关注小错误是每一个成功者必备的素质。如果你仔细观察就会发现，成功者从来不会因为错误小就放过错误，一律都是认真对待。

现实工作中，有很多年轻人常常好高骛远，不愿意踏踏实实地工作，特别是工作中出现一些小问题、发现了一些小错误从不愿深究，听之任之。他们的论点是："假如我所犯的错

误性质十分严重，该由我承担责任，我一定会承认也愿意承担所有的责任；但如果是芝麻大的一点小错，再去那么认真地计较，难免有点小题大做，根本没有这个必要。"其实，如果你要是这样看待错误，那就大错特错了。

要知道工作中无小事，更无小错，1%的错误往往会带来100%的失败。

在一次登月行动中，美国的飞船已经到达月球但却无法着陆，而最终以失败告终。事后，科学家们在查找原因时发现，原来只是一节价值仅30美元的电池出了点问题。起飞前，工程人员在做检查时只重点检查了"关键部位"而把它给忽略了。结果，一节30美元的电池却让几十亿美元的投资和科学家们的全部心血都付诸东流，这难道只是小错误吗？

差之毫厘，谬之千里，任何一个小小的错误都有可能引起严重的甚至致命的后果，造成不可挽回的损失。

史蒂芬是位20多岁的美国小伙子，几年前他在一家裁缝店学成出师后便来到得克萨斯州的一个城市开了一家自己的裁缝店。由于他做活儿认真，并且价格又便宜，很快就声名远扬，许多人慕名而来找他做衣服。有一天，风姿绰约的哈里斯太太

让史蒂芬为她做一套晚礼服，然而等史蒂芬做完的时候，却发现袖子比哈里斯太太要求的长了半寸。但哈里斯太太马上就要来取这套晚礼服了，史蒂芬已经来不及修改衣服了。

哈里斯太太来到史蒂芬的店中，她穿上了晚礼服在镜子前照来照去，同时不住地称赞史蒂芬的手艺，于是她按说好的价格付钱给史蒂芬。没想到史蒂芬竟坚决拒绝。哈里斯太太非常纳闷。史蒂芬解释说："太太，我不能收您的钱。因为我把晚礼服的袖子做长了半寸。为此我很抱歉。如果您能再给我一点时间，我非常愿意把它修改到您需求的尺寸。"

听了史蒂芬的话后，哈里斯太太一再表示她对晚礼服很满意，她不介意那半寸。但不管哈里斯太太怎么说，史蒂芬无论如何也不肯收她的钱，最后哈里斯太太只好让步。

在去参加晚会的路上，哈里斯太太对丈夫说："史蒂芬以后一定会出名的，他勇于承认错误、承担责任以及一丝不苟的工作态度让我震惊。"

哈里斯太太的话一点也没错。后来，史蒂芬果然成了一位世界闻名的服装设计大师。

　　所以说，大错是错，小错也是错。如果觉得小错无关紧要，不去及时地加以改正，却要等小错变成大错时，那么就已经悔之晚矣了。有小错的时候，我们应该早发现，早承认，早改正，只有这样，我们才能在成功的路上稳步前进，我们也才能飞得更高。

成功才算胜出

市场竞争是残酷的，商场如战场。如果你失败了，哪怕你以前付出再多，那都没有任何的意义，只有成功了，你才会有鲜花和掌声，你才是英雄。

在商业社会里，企业的生存是以赢利为目的的，所以谁能够给公司带来最大的利润，谁就是公司的英雄，因此我们就要以成败论英雄。所以我今天要说的是"要以成败论英雄！"

沃尔玛是世界上最大的零售品销售商，但在中国甚至亚洲市场上，他们的风头却完全被法国的家乐福盖过了。这是因为家乐福在亚洲市场上采取了不同的经营策略。而沃尔玛则还

是坚持在欧美时常用的经营策略，采用统一模式。所以家乐福已经融入了亚洲各地的文化之中；而沃尔玛则坚持自己的固有模式，用经营欧美市场的思维方式去开拓亚洲市场。所以在亚洲，沃尔玛成了失败者，而家乐福却是英雄。

人们常说，"生活就是一场没有硝烟的战争"。与其说我们生活在一个生机勃勃的时代，不如说我们处在一个生存的时代、淘汰的时代。在淘汰中求生存，在竞争中求发展，无论对个人还是对企业团队来说，都是如此。

虽然淘汰充满着残酷和无情，但我们却不能否认，正是残酷的淘汰促进了社会的进步。任何一个企业，要保持活力，要保证不落后，就必须不停地淘汰不适合自身发展的各种落后因素：落后的管理理念、落后的经营政策、落后的产品、落后的服务、落后的用人体制以及不适合的员工。只有不断地淘汰落后的、不适合的，才能持续保持先进的、适合的，才能生存下去，才能不断地发展。

日本一家著名家电企业曾扬言：只要韩国家电市场一对外放开，用不了半年时间，就会让韩国家电企业全部倒闭。由于意识到竞争的压力，韩国家电企业纷纷走上了改革创新之路，淘汰落后的观念，淘汰落后的产品。正是由于他们的这种自我淘汰的意识和行为，若干年以后，他们非但没有全部倒闭，反而在国际市场上对日本家电企业构成了越来越大的威胁。

在辽阔的草原上，每天当第一缕阳光出现，狮子和羚羊就开始进行赛跑，狮子发誓要追上羚羊，因为追上羚羊，它就可以把它们当作自己的食物。而羚羊一定要跑得比狮子快，否则就会成为狮子的美餐。羚羊之间也在进行着残酷的竞争，跑得最慢的羚羊成了狮子的食物，而其他羚羊就会暂时幸免于难。这就是动物界之间的残酷竞争。

有道是"光有疲劳和苦劳，没有功劳也白劳。"没有成功，没有胜出，你只能称其为在运动，在消耗体能，而只有取得了成功你才是英雄。

同样，在商业社会里，无论你曾经下了多大功夫，做了多少努力，花费了多少心血，只要你在某一个环节上出了差错，你就要为此付出代价，倘若是在关键环节上出现闪失，则会功亏一篑，横遭致命的一击！

2004年6月，杰克·韦尔奇在中国企业领袖高峰论坛上，被一位企业高层管理者问及："您在任CEO时，与美国思科、

微软、戴尔等公司CEO们相比有何不同？"韦尔奇先生有一段精彩的回答："找不到很特定的差异点，你提到的这些公司都是希望在市场上胜出的，而且他们都获得了巨大成功，他们每个CEO都希望他们的员工胜出，所有的员工从某种意义上来说也取得很大的成功。尽管我们每一位CEO都有不同的风格、不同的方法和不同的手段，但大家的目标是一致的，就是要胜利，所以最好的事就是胜利！"

职场犹如战场，在与狼共舞、与虎相争的市场经济大潮中，公司作为竞争的实体，它的存在就是为了最大化地获取利润，就是为了基业长青。不管你在企业竞争过程中有过多么出色的表现，出过多么大的力气，只有在竞争中打败了对手，取得最大、最终的胜利，企业才是英雄，你也才是英雄，才是企业最终的功臣。

全力以赴，做到最好

"记住，这是你的工作！"

既然你选择了这个职业，选择了这个岗位，就必须接受它的全部，而不是仅仅只享受它给你带来的益处和快乐。就算是屈辱和责骂，那也是这个工作的一部分。如果说一个清洁工人不能忍受垃圾的气味，他能成为一个合格的清洁工吗？因为既然你选择了这个职业，选择了这个岗位，就必须接受它的全部，而不是只享受它带给你的益处和快乐。就算是屈辱和责骂，只要是这个工作的一部分，你也得接受。

其实，每个人一生下来都会有一份责任，而不同时期责

任却不一样，在家里你要对家人负责，工作中你就要对工作负责。

也正因为存在这样、那样的责任，我们才会对自己的行为有所约束。遇到问题便找寻各种借口将本应由你承担的责任转嫁给社会或他人，那是极为不负责任的表现。更为糟糕的是，一旦养成这样的习惯，那你的责任心将会随之烟消云散，而一个没有责任心的人，是很难取得什么成功的。

负责任也是相对应的，特别是工作中，如果你对你的工作不负责任，那最终也就是对你的薪水和前途不负责任。可以说工作中并没有绝对无法完成的事，只要你相信自己比别的员工更出色，你就一定能够承担起任何正常职业生涯中的责任。只要你不把借口摆在面前，就能做好一切，就完全能够做到对工作尽职尽责。

"记住，这是你的工作！"这是每位员工必须牢记的！

美国独立企业联盟主席杰克·法里斯年少时曾在父亲的加油站从事汽车清洗和打蜡工作，工作期间他曾碰到过一位难缠的老太太。每次当法里斯给她把车弄好时，她都要再仔细检查一遍，让法里斯重新打扫，直到清除每一点棉绒和灰尘，她才满意。

后来法里斯受不了了，便去跟他父亲说了这件事，而他的父亲告诫他说："孩子，记住，这是你的工作！不管顾客说什么或做什么，你都要记住做好你的工作，并以应有的礼貌去对待顾客。"

因为既然你选择了这个职业，选择了这个岗位，就必须接受它的全部，而不是只享受它带给你的益处和快乐。就算是屈辱和责骂，只要是这个工作的一部分，你也得接受。

查姆斯在担任国家收银机公司销售经理期间，该公司的财政发生了困难。这件事被驻外负责推销的销售人员知道了，工作热情大打折扣，销售量开始下滑。到后来，销售部门不得不召集全美各地的销售人员开一次大会。查姆斯亲自主持会议。

首先是由各位销售人员发言，似乎每个人都有一段最令人同情的悲惨故事要向大家倾诉：商业不景气，资金短缺，人们都希望等到总统大选揭晓以后再买东西等。

当第五个销售员开始列举使他无法完成销售配额的种种困难时，查姆斯再也坐不住了，他突然跳到了会议桌上，高举双手，要求大家肃静。然后他说："停止，我命令大会停止十分钟，让我把我的皮鞋擦亮。"

　　然后，他叫来坐在附近的一名黑人小工，让他把擦鞋工具箱拿来，并要求这位工友把他的皮鞋擦亮，而他就站在桌子上不动。

　　在场的销售员都惊呆了。人们开始窃窃私语，觉得查姆斯简直是疯了。

　　皮鞋擦亮以后，查姆斯站在桌子上开始了他的演讲。他说："我希望你们每个人，好好看看这位小工友，他拥有在我们整个工厂和办公室内擦鞋的特权。他的前任是位白人小男孩，年纪比他大得多。尽管公司每周补助他5美元，而且工厂内有数千名员工都可以作为他的顾客，但他仍然无法从这个公司赚取足以维持他生活的费用。"

　　"而这位黑人小工友他不仅不需要公司补贴薪水，而且每周还可以存下一点钱来，可以说他和他的前任的工作环境完全相同，在同一家工厂内，工作的对象也完全一样。"

　　"现在我问诸位一个问题：那个白人小男孩拉不到更多的生意，是谁的错？是他的错还是顾客的错？"

　　那些推销员们不约而同地说："当然是那个小男孩的错。"

"是的，确实如此，"查姆斯接着说，"现在我要告诉你们的是，你们现在推销的收银机和去年的完全相同，同样的地区、同样的对象以及同样的商业条件。但是，你们的销售业绩却大不如去年。这是谁的错？是你们的错还是顾客的错？"

同样又传来如雷般的回答："当然，是我们的错。"

"我很高兴，你们能坦率承认自己的错误。"查姆斯继续说，"我现在要告诉你们，你们的错误就在于你们听到了有关公司财务陷入危机的传说，这影响了你们的工作热情，因此你们就不像以前那般努力了。只要你们回到自己的销售地区，并保证在以后30天之内，每人卖出5台收银机，那么，本公司就不会再发生什么财务危机了。请记住你们的工作是什么，你们愿意这样去做吗？"

下边的人异口同声地回答："愿意！"

后来他们果然办到了。那些被推销员们强调的种种借口：商业不景气，资金短缺，人们都希望等到总统大选揭晓后再买东西等，仿佛根本不存在似的，统统消失了。

工作中不要求自己尽职尽责的员工，永远算不上是个好员工。

假如说一个清洁工人不能忍受垃圾的气味，那他怎么能成

为一个合格的清洁工呢？

假如说一名车床工人时常抱怨机器的轰鸣，那他还会成为优秀的技工吗？

"记住，这是你的工作！"

然而在企业中我们却常常见到这样的员工：他们总是想着过一天算一天，不断抱怨自己的环境，责任心可有可无，做事能省力就省力，遇到困难时就强调这样或那样的借口。

可以说一名优秀的员工是不会在工作中找借口的，他会牢记自己的工作使命，努力把本职工作变成一种艺术，在工作中超越雇佣关系，怀着一颗感恩的心，肩负起团队的责任和使命。严格要求自己，勇敢地担负起属于自己的那份责任，全力以赴，做到最好。

绝对不能被淘汰

"绝对不能被淘汰"强调的是结果，"活着"才是硬道理！生存就是竞争，即使再努力、再敬业，输给了对手，只能被淘汰，在绝对竞争的环境中，最后的胜利者就是最好的适应者。我们必须适应竞争，适应工作，适应老板，适应自己。

中庸教会我们在注意事一端的时候，不要忘记另一端的存在。千万不能越位是讲清楚了，可是还得记着做事也得到位，不能为了怕越位而缩头缩脑，无所作为。该说的话，一定得说，而且说到位，把意思清清楚楚地表达出来，把握好轻重，把握好时机；该做的事，坚决去做，而且做到家，不折不扣地

完成工作任务，不但出结果，还要出效果。

不能越位，与"多做事"并不冲突。多做事，当然要首先做好分内的事，除此之外，还要有发现工作的眼光，判断工作性质和工作难度的眼力，更要有主动去做的眼色。

多做事而不越位，第一要做那些所有人工作职责之外的事。越位的要害，不在于越出了自己的职权范围，关键在于侵犯了别人的领地。子路济民、沈万三犒军，问题不出在他们干了自己不该干的事，而出在干了本该由皇帝去干的事。在所有人的职权之外，总有一些事虽然落实不到人头，却必须有人去干。这些事虽然大部分是小事，却往往最能表现人的素质。比如，同事的一些需要帮忙的私事啦，遇到雨雪天气的交通啦，老板失误的补救啦等，视具体情况而定。把这些事干砸了，最多落个能力不行；要是越俎代庖又干砸了（甚至即使干不砸），就会损害人际关系。像沈万三那样损害与皇上的"人际关系"，后果可就严重了。

多做事而不越位，第二要做那些对别人而言只是义务而不代表权力和位置的事。有些事，虽然可能很繁重，你很想替人家分忧，可是这些事里头有权力在运作，或者代表着某种地位，又或者体现了某种身份，那就不能去做，做了就是越位。

可是有些事人家本身不愿意干，这些事又没有什么象征意义，又不涉及权力的纷争，那就不妨多帮忙。

到位而不越位，最最关键的，是千万不要在大庭广众之下替别人做事。"高调做事"的箴言是有限制的，在这种情况下就一定不能高调，否则你的动机就会被别人怀疑，你的形象就会受到损失，你做的事不是越位也可能被看成越位。要相信，只要你真心实意地帮助人，并且拿捏好分寸时机，大家迟早会知道的。

人们常说，"生活就是一场没有硝烟的战争"，为什么大家都用这样毫无诗意的语言去形容本该充满诗意的生活？正视现实吧，与其说我们生活在一个生机勃勃的时代，不如说我们正处在一个生存的时代，淘汰的时代。在淘汰中求生存，在竞争中求发展，无论对个人还是对企业团队来说，都是如此。

即使淘汰充满着残酷和无情，但我们却不能不承认，正是残酷的淘汰促进了社会的进步，任何一个企业要保持活力，要保证不落后，就必须不停地淘汰不适合自身发展的各种落后因素，落后的管理理念，落后的经营政策，落后的产品，落后的服务，落后的用人体制以及不适合的员工，只有不断地淘汰落后的、不适合的，才能持续保持先进的、适合的，才能生存下

去，才能不断地发展。

日本一家著名家电企业曾放言：只要韩国家电市场一对外放开，用不了半年时间，就会让韩国家电企业全部倒闭。由于意识到竞争的压力，韩国家电企业纷纷走上了改革创新之路，淘汰落后的观念，淘汰落后的产品。正是由于他们的这种自我淘汰的意识和行为，若干年后，他们非但没有倒闭，反而在国际市场上对日本家电企业构成了越来越大的威胁。

成功，是每个人的渴望。但首先摆在我们面前的最大的问题是，要么生存，要么被淘汰！

第五章

胜在执行

执行力最重要

　　我们发现，许多的失误不是因为没说，而是因为没有执行，或者在执行过程中变了样。比如对于服装终端的导购人员，其执行能力主要表现为导购员能够将企业的产品、企业精神、规章制度、促销活动不折不扣地贯彻到市场终端，最终促成销售的能力。需要导购人员做好卖场的陈列；现场商品展示；日常的一些工作要求；客户关系建立等，最终目的都是提升销售。导购员工作不是顾客交了款为止的，应该注意到销售的每一个环节，并且辅助这些环节工作做到位；这就需要导购员具有良好的执行力，不折不扣地将这些销售环节跟进到位，所谓营销无小事的说法就体现在这里。

　　什么是执行力呢？

　　执行力可以理解为：有效利用资源，保质保量达成目标的能力。执行力指的是贯彻战略意图，完成预定目标的操作能力，是把企业战略、规划转化成为效益、成果的关键。执行力包含完成任务的意愿，完成任务的能力，完成任务的程度。对个人而言执行力就是办事能力；对团队而言执行力就是战斗力；对企业而言执行力就是经营能力。而衡量执行力的标准，对个人而言是按时按质按量完成自己的工作任务；对企业而言就是在预定的时间内完成企业的战略目标，其表象在于完成任务的及时性和质量，但其核心在于企业战略的定位与布局，是企业经营的核心内容。

　　1985年的一天，张瑞敏的一位朋友要买一台冰箱，结果挑了很多台都有毛病，最后勉强拉走一台。朋友走后，张瑞敏派人把库房里的400多台冰箱全部检查了一遍，发现共有76台存在各种各样的缺陷。张瑞敏把职工们叫到车间，问大家怎么办？多数人提出，也不影响使用，便宜点儿处理给职工算了。当时一台冰箱的价格800多元，相当于一名职工两年的收入。张瑞敏说："我要是允许把这76台冰箱卖了，就等于允许你们明天再

生产760台这样的冰箱。"他宣布，这些冰箱要全部砸掉，谁干的谁来砸，并抡起大锤亲手砸了第一锤！很多职工砸冰箱时流下了眼泪。

在接下来的一个多月里，张瑞敏发动和主持了一个又一个会议，讨论的主题非常集中："如何从我做起，提高产品质量"，三年以后，海尔人捧回了我国冰箱行业的第一块国家质量金奖。

张瑞敏说："长久以来，我们有一个荒唐的观念，把产品分为合格品、二等品、三等品还有等外品，好东西卖给外国人，劣等品出口转内销自己用，难道我们天生就比外国人贱，只配用残次品？这种观念助长了我们的自卑、懒惰和不负责任，难怪人家看不起我们，从今往后，海尔的产品不再分等级了，有缺陷的产品就是废品，把这些废品都砸了，只有砸的心里流血，才能长点记性！"

张瑞敏的一锤砸出了冰箱行业第一块国家质量金奖，这是领导层的决策英明，同时也是员工执行力的表现。海尔的员工能够流着眼泪把冰箱砸坏，也能够坚决地执行公司的决策，能够坚持做到令必行、禁必止，这无疑也为海尔能在冰箱行业竞争成功起到了至关重要的作用。

在管理领域，"执行"对应的英文是"Execute"，其意义主要有两种，其一是与"规划"相对应，指的是对规划的实施，其前提是已经有了规划；其二指的是完成某种困难的事或变革，它不以已有的规划为前提。学术界和实业界对"执行"的理解基本上也是如此，其差异在于侧重点和角度有所不同。

执行力分为个人执行力和团队执行力。

个人执行力是指每一单个的人把上级的命令和想法变成行动，把行动变成结果，从而保质保量完成任务的能力。个人执行力是指一个人获取结果的行动能力；总裁的个人执行力主要表现在战略决策能力；高层管理人员的个人执行力主要表现在组织管控能力；中层管理人员的个人执行力主要表现在工作指标的实现能力。

团队执行力是指一个团队把战略决策持续转化成结果的满意度、精确度、速度，它是一项系统工程，表现出来的就是整个团队的战斗力、竞争力和凝聚力。个人执行力取决于其本人是否有良好的工作方式与习惯，是否熟练掌握管人与管事的相关管理工具，是否有正确的工作思路与方法，是否具有执行

力的管理风格与性格特质等。团队执行力就是将战略与决策转化为实施结果的能力。许多成功的企业家也对此做出过自己的定义。通用公司前任总裁韦尔奇先生认为所谓团队执行力就是"企业奖惩制度的严格实施"。而中国著名企业家柳传志先生认为，团队执行力就是"用合适的人，干合适的事"。综上所述，团队执行力就是"当上级下达指令或要求后，迅速做出反应，将其贯彻或者执行下去的能力"。

　　能动执行力是指主动积极、想方设法地实现组织目标的能力。这里面有两个关键词：一个是主动积极，另一个是想方设法。这两个词就是"能动"的具体表现。能动的主要含义就在于主动积极、自觉自愿，而非被动和强迫；想方设法，而非等待观望。能动执行力的基本构成：第一，源于内心的自觉自愿；第二，具有主动性和创造性；第三，高效率；第四，真正实现目标。这四个要素是相互联系、相互作用、相互制约的，从而形成了能动执行力的有机整体。自觉自愿是基础，实现目标是结果，主动性与创造性、高效率是途径。没有自觉自愿，就不可能主动地、创造性地、高效率地去完成任务，实现组织的目标；而仅凭自觉自愿也是无法保质保量完成任务，实现目标的，还必须要有主动性与创造性，要有高效率。

有执行力才有竞争优势

执行力是将资源转化为推动企业成长的力量。在能力与执行之上，企业能够获得全新的竞争优势，并把它持久地保持下去。

执行力既反映了组织（包括政府、企业、事业单位、协会等）的整体素质，也反映出管理者的角色定位。管理者的角色不仅仅是制订策略和下达命令，更重要的是必须具备执行力。执行力的关键在于透过制度、体系、企业文化等规范及引导员工的行为。管理者如何培养部属的执行力，是企业总体执行力提升的关键。如果员工每天能多花十分钟替企业想想如何改善

工作流程，如何将工作做得更好，管理者的策略自然能够彻底地执行。

为此，张其金在《简单：构建企业文化就这么简单》一书中指出：执行力是决定组织成败的一个重要因素，也是构成组织核心竞争力的一个重要环节。

你是否想过：为什么满街的咖啡店，唯有星巴克一枝独秀；为什么同是做PC，唯有戴尔独占鳌头；为什么都是做超市，唯有沃尔玛雄居零售业榜首。应该说，各家便利商店和咖啡店的战略都是大致雷同的，然而绩效却是大不相同，道理何在？关键就在于是否具有非常强的执行力。

全世界做网络设备最大的思科公司，拥有行业垄断技术，然而其总裁在谈到公司成功的主要原因时，竟然认为成功不在于技术，而在于执行力。由此可见，"执行力"在世界级大公司里被看得有多重。甚至可以这么说，凡是发展快且好的世界级企业，都是执行力强的企业。比尔·盖茨就曾坦言："微软在未来10年内，所面临的挑战就是执行力。"当然，不可否认创意、战略及经营方式的重要性，而没有执行，这一切也只能是空谈。执行力的强弱，又直接反映出这些创意和战略是否发挥出其应有的作用。只有自发执行，才是有效执行，才是真正的执行。

　　比如，对工作高度负责，就是一流的执行力的表现。具有强烈责任感的人，会坚决完成公司交代的任务，而缺乏责任感的人，就会中断执行，拖延任务。具有对工作高度负责的精神，在任何时候都会不折不扣地完成自己的任务，这样的员工是任何公司都期望得到的。

　　有三个人到一家建筑公司应聘，经过一轮又一轮的考试后他们从众多的求职者中脱颖而出。公司的人力资源部经理接见了他们。他说："恭喜你们，请你们跟我到一个地方。"然后，他将他们带到了工地。工地上乱七八糟地摆放着三堆散落的红砖。人力资源部经理指着这些砖头说："你们每人负责一堆，将红砖整齐地码成一个方垛。"然后他在三个人疑惑的目光中离开了工地。甲对乙说："我们不是已经被录用了吗？为什么将我们带到这里？"乙对丙说："我又不是来做工人的，经理是什么意思啊？"丙说："不要问为什么了，既然让我们做，我们就做吧。"然后，带头干起来。甲和乙看到丙已经开始干起来，只好硬着头皮跟着干起来。还没完成一半，甲和乙就坚持不住了，甲说："经理已经离开了，我们歇会儿吧。"

乙跟着停下来，丙却丝毫不为所动，仍然保持着同样的节奏。

人力资源部经理回来时，丙只剩下十几块砖没有码齐，甲和乙却只完成了三分之一的工作量。经理对他们说："下班时间到了，下午再接着干。"甲和乙如释重负地扔掉了手中的砖，丙却坚持将最后的十几块砖码齐。

回到公司后，人力资源部经理郑重地宣布："这次公司只聘用一位设计师，获得这一职位的是丙。甲和乙为什么落聘，你们想想在工地上的表现就知道答案了。你们不知道吧，我一直在远处看着你们呢。"

对工作高度负责，表现出来的就是一流的执行力。公司对考核的任务是事先计划好的，每堆砖的数量，如果不停地码放，到下班时间恰好剩十几块砖。这时表现出来的正是责任感对执行的影响，具有强烈责任感的人，会加一把劲将任务完成，缺乏责任感的人，会中断执行，将任务拖延下去。

现在市场竞争日趋激烈，每一项工作都需要员工不折不扣地完成，这就需要你不计时间和地点，不因任何困难而退缩地执行下去。一个对工作高度负责的员工，不需要老板或上司叮嘱或监视，他们会主动加班，抢在竞争对手前面完成任务。即使是在上下班的路上，或是在家里休息时，他们时刻都在思考一份完美的工作计划，这才是老板和上司最需要的人。

所以，不计时间地对工作负责，才是真正地负责。一个对工作高度负责的人，可以完美地完成任何任务。

执行要到位

我们可以看到，优秀的企业，其内部都有一种强烈的"执行文化"——行之有效的价值观、信念以及行为规范，注重承诺、责任心。强调结果导向，领导者重视策略的制订，更重视策略的执行。任何人都应当充满激情地参与到自己的企业建设当中去，对企业中的所有人坦诚以待。

从某种程度上说，企业执行力文化比任何管理措施或经营哲学都管用。如果员工每天能多花十分钟替企业着想，如何将工作做得更好，那么，管理者的策略岂有贯彻不下去的道理，企业又岂有不能长寿的道理！

当然，我们不可否认许多组织的成功离不开其战略的创新或经营模式的新颖，但如果其执行力不强，也一定会被模仿者追上，因为他们和竞争者的差距就在于执行力的强弱。

国内曾有一家企业因为经营不善导致破产，后来被日本一家财团收购。刚开始公司所有的人都在翘首盼望日方能带来什么先进的管理办法。然而出乎意料的是，日方只派了几个人来。制度没变，人没变，机器设备没变。日方就提了一个要求：把先前制定的制度坚定不移地执行下去。结果不到一年，企业就扭亏为盈了。

日本人的绝招是什么？仍然是执行力。可见战略与计划固然重要，但只有执行力才能使战略与计划体现出实质的价值，只有执行力才能将战略与计划落到实处，并进行有效地整合。而如果失去执行力，组织也就失去了长久生存和成功的必要条件。

平安保险公司董事长马明哲在谈起对执行力的体会时说："核心竞争力就是所谓的执行力，没有执行力，就没有核心竞争力。"关于核心竞争力，他认为要注意两个问题：第一，什么是核心竞争力；第二，你的核心竞争力靠什么来保障？答案都是执行力。马明哲还提到了这样一种"怪圈"现象：企业的高层怪中层，中层怪员工，员工怪中层，中层又反过来怪高

层，形成一个圈，却没有一个人真正地负责，保质保量地做好自己的工作。

所以，在组织里，无论是高层、中层还是基层，如果每一个人都能保质保量地完成自己的任务，就不会出现执行力不强的问题；如果组织成员能像迈克尔·戴尔讲的，在每一个环节和每一个阶段都做到一丝不苟，就不会有这么多的推诿扯皮现象。

其实马明哲提到的企业"怪圈"现象，就是没有一个员工在检讨自己是否保质保量地完成了工作任务。因此，执行力不强不应仅是基层员工的问题，而是每一层级的问题。我们不要再相互埋怨执行力弱，而应该首先问问自己："我是否保质保量地完成了自己的任务？在我这个环节和阶段，我是否做到了一丝不苟？"

由著名作家阿尔伯特·哈伯德所著的畅销书《致加西亚的信》首次发表于1899年，之所以很快就风靡全球，至今还能畅销不衰，是因为它倡导了一种理念：对上级的命令，自发执行，并以结果为导向，全心全意完成任务。

在《致加西亚的信》中，阿尔伯特·哈伯德这样写道："我钦佩的是那些不论老板是否在办公室都会努力工作的人，这种人永远不会被解雇，也永远不会为了加薪而罢工。如果只有老板在身边时或别人注意时才有好的表现，卖力工作，这样的员工永远无法达到成功的顶峰。"

现在市场竞争日趋激烈，一项任务在执行的过程中，可能时间会很紧迫，需要你能不计较时间和地点，坚定地执行下去。试想，当一项任务需要加班时，你能对老板说"对不起，我已经下班了"吗？当老板安排你到社会上做一项调查，你就能心安理得地偷奸耍滑，甚至假公济私吗？而对工作高度负责的员工，是不需要老板安排或者上司叮嘱的，他们会自觉加班加点，抢在对手前面将计划完成，即使在上下班的路上，在家里休息时，都在考虑怎样尽善尽美地完成工作。

任何时候都对工作负责，才是真正的负责。一个人具备了这种高度负责的精神，就没有什么任务执行不下去，就没有什么工作不能尽善尽美地完成。一个公司形成了这种高度负责的企业文化，就没有什么战略执行不下去，就一定能完成好的绩效。

停止抱怨去执行

　　抱怨本身是一种正常的心理情绪，当一个人自以为受到不公正的待遇，就会产生抱怨情绪，所以几乎每个公司都能听到这样的声音："为什么老板总是让我干这样无足轻重的事？""他们一点也不关心我，这算什么团队？""为什么又让我跟小张负责一个项目？还不如我一个人做！""什么时候老板才会想到给我加薪？"等等。

　　抱怨的人无非是宣泄心中的不快和不满，并期望得到一个满意的回答，来改变自己的现状。可实际上会怎样呢？虽然抱怨会减轻个人心中的不快和不满，但却不能使人朝着积极的方面发展，一个习惯将抱怨挂在嘴上的人，只会与成功渐行渐远，滑向失败的深渊。

实际上，有的人抱怨，确实是受到了不公正的待遇。对待这种情况，与其抱怨不休，不如通过合理的渠道解决，比如开诚布公地向老板或上司提出意见和建议，让领导重新审视当时的工作和条件，从而改变对你的看法；也可以置之不理，化愤懑为力量，努力做好工作，用优异的业绩引起老板或上司对你的再次关注，领导自然会对你做出公正的评价。而大多数抱怨的人，问题却是出在自己身上。比如对自己的期望值过高，当现实与理想出现反差时，抱怨便自然产生了。这在那些初入职场的年轻人身上表现得最为突出。他们一腔热血，一身抱负，对自己充满自信，这是好事，但他们对职场现状认识不够。当今职场人才济济，那种凭借一纸本科文凭就受企业礼遇的时代一去不复返了。况且，初入职场的人，企业一般都要放到基层锻炼。于是，难免产生"千里马难遇伯乐"的感慨，抱怨自己生不逢时。一时抱怨也是可以理解的，但是也应该及时转变态度，踏踏实实地工作。

更多的人抱怨却是因看问题片面引起的。他们只看到事消极的方面，所以抱怨在所难免。一屋不扫，何以扫天下？也

就是说，小事都做不好，怎么能做大事？其实，任何平凡的工作，都能显示出一个人的不平凡。当你把平凡的工作做出不平凡的业绩来，老板还能不重视你吗？况且，在做这些工作的过程中，你会积累经验，提升能力，当让你负责重要任务时，你才不会错失良机。

认真地执行

真正的负责是不以个人功利为目的的。在执行一项任务之前，如果你首先想到的是自己的个人利益会得到怎样的回报，就很难保证你的执行不会扭曲和变形，就很难保证如期达到目标。因为一个人的私心杂念难免会影响到工作时的心态。只有摒弃了私心杂念，把整个身心投入到工作中去，才会发挥出全部的能力和智慧，才会尽善尽美地完成任务。其实，聪明的老板不会只看员工表面上的表现，更看重的是员工的业绩。虽然老板不在现场，只要你做出了对公司有益的事，这些事迟早会传到老板的耳朵里，老板就会了解并清楚你当时的表现。所以，不要担心老板

看不见你的表现，还是想想怎样对工作负责吧。

　　具有自动自发工作心态的员工，有着对任务一流的执行力。他们会自觉加班加点，尽最大努力把工作任务完成，他们时刻都在考虑怎样尽善尽美地完成工作。他们不仅会圆满地完成任务，还会为老板考虑，自觉提供尽可能多的建议和信息。这类员工因此会得到重用和提升，自然也就拥有比别人更多成功的机会。

　　布鲁诺和阿诺德两个年轻人同时受雇于一家商店，并且领同样的薪水。一段时间过后，阿诺德青云直上，受到老板的重用，布鲁诺却仍在原地踏步。布鲁诺对此很是不满，终于忍不住在老板那儿发了牢骚。

　　老板耐心地听他抱怨完，对他说："你现在到集市上去看一下有什么卖的。"一会儿工夫，布鲁诺从市场上回来了："只有一个农民拉了一车土豆在卖。""有多少？"老板问。布鲁诺又跑了一趟，回来告诉老板："一共40袋。""价格呢？"老板又问。"您没有让我打听这个。"布鲁诺委屈地申明。"好吧，那么你坐在那儿，看看别人是怎么做的。"于是老板把阿诺德叫来，吩咐他到集市上看一下有什么卖的。

阿诺德也很快从集市上回来了，他向老板汇报说："今天集市上只有一个农民在卖土豆，共40袋，价格是两角五分钱一斤。我看了一下，质量和价格都不错，给您带回来一个样品，另外我从这位农民那儿了解到西红柿的销量也很好，他车上还有一些不错的西红柿，要不您同他谈一下吧，他现在就在外面等着呢。"

这时，老板转向布鲁诺说："现在你知道究竟为什么阿诺德能很快加薪升职了吧？"

工作需要自动自发，每个公司也都努力把员工培养成对待工作自动自发的人。自动自发地员工不会墨守成规，像机器人一样吩咐他做什么就做什么，他们有独立思考的能力，能自觉发挥主动性、积极、有效地执行，并出色地完成任务。所以说，一个任务被自发、有效地执行时，就会及时、甚至有可能提前完成，一个创新的战略或经营方式才不会被对手模仿或赶超。而一个公司一旦形成这种自发执行的企业文化，就没有什么战略执行不下去，就没有什么业绩不可能实现。

听命行事固然是员工的神圣职责，但主动进取更被企业所提倡。哪些该做，就应该立刻采取行动，不必等到别人交代。清楚了解公司的发展规划和你的工作职责，就能预知该做些什

么，然后着手去做！

　　企业的生存发展完全依赖员工的努力程度，一个优秀的、有责任心的员工，都会主动去工作，尽最大的努力把工作做好。主动工作的员工具有一流的执行力，他们能够抓住工作的重点，把工作真正落到实处，甚至更为有效、仔细、注重细节地圆满完成某项工作或任务。

　　没有人不渴望成功，没有人愿意碌碌无为过一生。作为员工，既然你选择了在这个企业工作，就要拿出自己的热情来，抛开任何借口，发挥你的主动性，全身心地投入到工作中去。当你主动工作，通过自身的努力或借助他人的力量并在不断解决一个个难题的过程中，你自身的价值就在这个过程中不断地增加，这样领导对你的依赖就会增加，当机会出现时，晋升晋级非你莫属。而那些用鞭子抽着，用脚踢着才去工作的人，工作对他们来说就像是负担。这样的人必然不能得到领导的赏识和提升，甚至随时都可能处在失业的边缘。

　　主动要求承担更多的责任或自动承担责任是成功者必备的素质。大多数情况下，即使你没有被正式告知要对某事负责，你也应该努力做好它。如果你能出色地胜任某种工作，那么责任和报酬就一定会接踵而至。

打造一流执行力

　　我们知道，成功的机会总是在寻找那些能够主动做事的人，可是很多人根本就没有意识到这点，因为他们早已习惯了等待。只有当你主动、真诚地提供真正有用的服务时，成功才会随之而来。每一个雇主也都在寻找能够主动做事的人，并以他们的表现来奖励他们。

　　卡内基曾经说过："有两种人永远将一事无成，一种是除非别人要他去做，否则，绝不主动去做事的人；另一种则是即使别人要他去做，也做不好事的人。那些不需要别人催促就会主动去做应该做的事，而且不会半途而废的人必将成功。"

　　一名优秀员工，从来都不是被动地等待别人来告诉自己应该做什么，而是自己主动去了解应该做什么，还能做什么，怎样做到精益求精。

　　在企业里，有很多的事也许没有人安排你去做。如果你主动地去行动起来，这不但锻炼了自己，同时也为自己积蓄了力量。其实，主动是为了给自己增加机会——增加锻炼自己的机会，增加实现自己价值的机会。

　　一个优秀的员工，即使老板不在身边也会卖力工作，而这样的员工将注定会获得更多奖赏。在别人的眼皮底下才肯卖力工作的人，是很难能有更大成就的。

　　在别人要求下工作，永远是被动的，机械的，如果不能给自己设定一个严格的工作标准，那么工作对你来说就是漫无目的，你的职位也不可能上升到非凡的高度。

　　如果你对工作没有期望，干成什么样算什么样，那么你肯定干不出出色的成绩。如果你的期望始终高于老板的期望，那么你就是优秀的，如果你能一直达到自己设定的最高标准，那么你就是成功的。一个对工作有高标准的员工，他是自动自发地做事，而不是在老板的吩咐下被动地应付。在这种自动自发地习惯下，纵使面对缺乏挑战或毫无乐趣的工作，仍然能够积极主动地完成，最终获得回报。

作为员工，要想获得最高的成就，就要永远保持主动率先的精神，在工作中投入自己全部的热情和智慧。成功取决于态度，时刻牢记自己肩负的使命，知道自己工作的意义和责任，并永远保持一种自动自发地工作态度，为自己的行为负责，坚持不懈地努力，终将到达成功的彼岸。那些获取了成功的人，正是由于他们用行动证明了自己敢于承担责任而让人百倍信赖。

一个来自偏远地区的打工妹，由于没有什么特殊技能，就应征到一家餐馆做了一名服务员。在别人看来，服务员的工作再简单不过，只要招待好客人就可以了。

可这个小姑娘的表现却出人意料，她从一开始就表现出了极大的热情。一段时间后，她不但能熟悉常来的客人，掌握了他们的口味，而且只要客人光顾，她总是千方百计地使他们高兴而来，满意而归。她不但赢得了顾客的连连称赞，也为饭店增加了收益——她总是能让顾客多点一两道菜，并且在别的服务员只能照顾一桌客人的时候，她却能独自招待几桌的客人。

老板非常欣赏她的工作热情，也很满意她的工作业绩，于是准备提拔她做店内的主管，她却婉言谢绝了老板的好意。原

来，一位投资餐饮业的顾客看中了她的才干，准备与她合作，资金完全由对方投入，她负责管理和员工的培训，并且对方郑重承诺：她将获得25%的股份。现在，她已经成为一家大型餐饮企业的老板了。

有些员工，每当领导交代工作任务时，总要问该怎么办。他们总是被动地应付工作，虽然他们遵守纪律，循规蹈矩，做事却缺乏热情、创造性和主动性，只是机械地完成任务，这种做事方法长此以往就会使他们失去对工作有效执行的态度。

比尔·盖茨说过："一个好员工，应该是一个积极主动去做事，积极主动去提高自身技能的人。这样的人，不必依靠强制手段去激发他的主观能动性。"身为公司的一员，你不应该只是局限于完成领导交给自己的任务，而要站在公司的立场上，在领导没有交代的时候，积极寻找自己应该做的事，主动地完成额外的任务，出色地为公司创造更多的财富，同时也扩大自己发展的空间。

在我们的企业里，很多员工常常要等老板交代过做什么事，怎么做之后，才开始工作。殊不知，这种只是"听命行事"或"等待老板吩咐"去做事的人，已不再符合新经济时代"最优秀员工"的标准。时下，企业需要的、老板要找的是那种不必老板交代就积极主动做事的员工。

　　在任何时候都不要消极等待，企业不需要"守株待兔"之人。在竞争异常激烈的年代，被动就要挨打，主动才可以占据优势地位。所以要行动起来，随时随地把握机会，并展现超乎他人要求的工作表现，还要拥有"为了完成任务，必要时不惜打破常规"的智慧和判断力，这样才能赢得老板的信任，并在工作中创造出更为广阔的发展空间。

第六章

把工作做到「零缺陷」

力争第一

西点人崇尚第一，要求每个人都努力争取第一。战场上除了胜利就是失败，没有平局可言。西点人不需要弱者，唯有胜利能证明一切。西点军校内一直流行着这样一句名言："只要你不认输，就有机会。"

在西点军校，从来没有人会说西点军校队要在某时某刻与某某队比赛，而是一律宣称："西点军校队将要在某时某地打败某某队。"连失败的任何可能性，都从语言里剔除掉了。与重荣誉，讲究名誉有关的西点道德品格教育的另一个突出点，是军校一直大力灌输培养竞争意识、取胜精神和必胜态度。

作为职场人士来说，我们就必须具备这种精神，就必须以最高的标准要求自己，在工作的时候，就意味着要做到让客户百分百地满意，让客户感受到超值的服务。就好像微软的核心价值观一样：在每一件事上追求尽善尽美，这是微软追求的标准之一，也是卓越员工工作的唯一标准。

鲤鱼们都想跳过龙门。因为只要跳过龙门，它们就会从普普通通的鱼变成超凡脱俗的龙了。

可是，龙门太高，它们一个个累得精疲力竭，摔打得鼻青脸肿，却没有一个能够跳过去。它们一起向龙王请求，让龙王把龙门降低一些。龙王不答应，鲤鱼们就跪在龙王面前不起来。它们跪了九九八十一天，龙王终于被感动了，答应了它们的要求。鲤鱼们一个个轻轻松松地跳过了龙门，兴高采烈地变成了龙。

不久，变成了龙的鲤鱼们发现，大家都成了龙，跟大家都不是龙的时候好像并没有什么两样。于是，它们又一起找到龙王，说出自己心中的疑惑。

龙王笑道："真正的龙门是不能降低的。你们要想找到真正龙的感觉，还是去跳那座没有降低高度的龙门吧！"

没有高要求就没有高动力。问及很多高效的销售员工，为

什么他们能够创造奇迹般的销售业绩，他们的回答各种各样，但是其中有一点非常的相似：他们对自己都有着极高的要求。他们都要求自己能够做到完美的状态，能够使顾客百分之百地满意，同时要求自己能够成为公司团队中的最佳一员，要求自己能够为公司和同事创造真正的利益与价值。正是拥有了这样的高要求，他们才有了强大的内在动力向着成功的方向努力。

有一名伟大的推销员这样回忆他成功的历程。他说他开始做推销之前就读了很多关于自我启发的书籍，这方面的书籍堆满了他的书架。这些书中给他影响最大的是拿破仑·希尔的《成功哲学》。

他是21岁时和这本书相遇的，至今还有一节铭记在他的心中："如果你想成功，必须明确自己的追求，并且要明确付出多少代价才能把它搞到手。为此，你要具体地设定目标，详细、周密地做出到达目标的行动计划，尽最大努力去做，每天大声唱读，在没有实现目标之前就以目标的最高标准来要求自己。"当时，他的内心被"实现目标之前就像实现后那样的高要求来认真对待"以及"所有的成功都取决于人的精神状态"这种观点强烈吸引，但并不真正理解它的含义。不久，在他按照这种观点去做以后便理解了其中的深刻内涵。

　　拿破仑·希尔讲的所谓"实现目标之前就以目标的最高标准来要求自己"，就是"将自己成功时的形象，放到愿望世界"。这样放进愿望世界里的形象就成为人的动力，人将会有强烈欲望去积极采取有助于自己取得成功的行动。所谓成功始于内心，指的就是这样的过程。工作，就以最高的标准来要求自己，而这种要求对人产生效果的原理就是通过这样的行动选择而表现出来的。

　　韩国现代公司的人力资源部经理在谈到对员工的要求时是这样认为的："我们认为对员工的最好的要求是，他们能够在内心中为自己树立一个标准，而这个标准应该符合他们所能够做到的最好的状态，并引领他们达到完美的状态。"在现时代的各种公司中，对员工的要求已经由原来的公司规定怎么做，员工只要老老实实照做，变成了员工自我加压、自我完善。这样的转变要求员工心中必须具有对自己的高要求，这样才能达到自我管理、自我发挥的状态。

　　对于员工来说，以最高的标准要求自己，在工作的时候，就意味着做到让客户百分百地满意，让客户感受到超值的服

务。这就是卓越员工工作的唯一标准。这样的标准在实际工作中，一方面将造就优秀的员工，另一方面将造就成功的企业。

在各种行业中，零售业是最考验服务水平的行业。很多专家都研究过沃尔玛成功的原因。专家们分析得出了三个结论：一是沃尔玛拥有全球性的信息网络，能够及时有效地反映全球的零售业变化；二是沃尔玛拥有整体高效的成本分摊系统；三是沃尔玛员工提供了优质而无可挑剔的服务。在沃尔玛的店面里，员工都以最高的工作标准警醒自己。员工的微笑服务、耐心、诚实早已经是最基本的准则。他们追求的是向心中的完美状态进发。拥有这样的员工的沃尔玛当然不可阻挡地成了零售业的巨头，甚至超过了很多实业公司，成为世界企业500强的第一名。而沃尔玛的员工也为自己是沃尔玛的一员而骄傲，因为这意味着优秀、完美与卓越。这便是员工用最高的标准要求自己给企业和自己带来的巨大效益。

其实，工作是成就事业的唯一途径，如果把工作看成是生活的代价，是一种无可奈何、无法避免的劳碌，那将是十分错误的！

一个对自己的工作没有任何标准的人，是不可能做出好成绩的。由于自己对工作没有用一个严格的标准来衡量，因此倍感工作艰辛、烦闷，自然他的工作也不会出色。

有些人认为公务员的工作更体面、更有地位，而不喜欢商业和服务业，不喜欢体力劳动。他们总是固执地认为自己在某些方面更有优势，有更广阔的前途，应该活得更加轻松，应该有一个更好的职位，工作时间也应更自由。这是一种错误和消极的从业心态。

还有不少人自命清高、眼高手低。他们动辄感到被老板盘剥、替别人卖命、打工，是别人赚钱的工具，因而在思想上产生了严重的抵触情绪，聪明才智没有用来思考如何十全十美地做好上级交给的工作，而是整日抱怨，把大好光阴和大把精力白白浪费掉了。

一些刚走出校园的大学生总是对自己抱有很高的期望，认为自己应该从事些重要的工作。但事实上，这些人刚刚步入社会，还缺乏工作经验，无法被委以重任。于是他们开始抱怨起来："我被雇来不是做这种活儿的。""为什么让我做而不是别人？"对工作丧失了起码的责任心，长此以往，轻视工作、抱怨等恶习会将他们卓越的才华和创造性埋没，从而成为没有价值的员工。因此，在职场中，一个人即使很有才华，但如果

对自己没有一个成功的标准，不尽心尽力，只是一味地应付工作，那么他是难以取得成功的。

标准无止境

降低标准，只能是自己骗自己。真正的成功之门是不能降低的。要想找到真正成功的感觉，还是去打开那扇没有降低高度的大门吧！有了获胜的念头，才有可能获胜，一个没有胜利欲望的人，又怎么能在困境中都充满勇气和信心，促使你敢于竞争，并通过实际的努力来获得最终的胜利。为此，西点强调：做到100分并没有做到你的全部。因为标准是没有极限与止境的。只有不断超越的人才可能不断成功。

一直以来，很多人把成功简化为"赢"，但"成功"并不是那么简单，它是个相当奥妙的课题。比尔·盖茨认为，衡量

成功的方式有很多，其中最简单的一种方式是看他给周围的人提供了多少帮助。他说，社会上看待成功有传统的标准，就是看一个人是否有新的创造，是因为这样的创造，给人们的生活带来方便。

高夫是著名的职业演说家。他指出，成功的意义并不总在一个"赢"字。

高夫讲述了一个关于一个智能不足的年轻女孩曾将成功的真谛表达得淋漓尽致的故事：

在一个大城市的精神病患者举行的运动会选拔赛中，参赛者如同正常人一样，竞争得非常激烈。在中距离赛跑项目中，有两个女孩竞争得格外厉害。最后决赛时，这两个女孩更是备足了力量较劲。

最后有四名选手进入决赛，要决定谁获得该城的冠军。比赛开始，女孩子们在跑道上前进。这两名实力最强的选手很快便将另外两人抛在后面。

在剩下最后一百米的时候，两名跑者几乎是比肩齐步，都极力要跑赢对方。就在这个时候，稍微落后的那个女孩脚步不稳，绊倒了。按照一般的情况来说，这等于宣布了谁是赢家。

　　但这一回可不是这样。

　　领先的跑者停下来，折回去扶起她的敌手，为她拂去膝盖和衣服上的泥土，此时，另外两个女孩已冲过终点线。

　　赢得比赛是当天竞赛的目标，但谁才是这次比赛中真正的赢家，应该是毋庸置疑的。那个小女孩已将她最重要的能力发挥到极致——她爱的能力；而爱的能力使她比一般人赢得更多。

　　如果生性喜好竞争，你一定忍不住要想，有朝一日你也能得到同那女孩一样的成功。但你必须得先了解，爱的喜悦远胜过胜利的滋味。若你能两者兼顾。那么也许你就是个超人。

　　人生中有许多时刻，虽然表面上你输了，但其实你是真正的赢家。

　　也许你将大部分的精力投注于世俗的目标上，也许现在你事业生涯快到终点，但是你也能专注地增加你内心里爱的能力。你下一个20年的目标是默默给予别人帮助、学习得到内心的平静，以感恩和谦逊去迎接命运所注定的事，并以勇气接受并不那么美好的事。

　　为了达到那个目标，你得向各种想法开放。如果你对人生的见解是十分狭窄的，为了把某件事办对，就得照你的方式去做。

但当你面对满天的繁星，面对晴朗的、阴晦的心情，你就会明白，原来世上的事你还有那么多不明白。我们只是这个世界微乎其微的一部分，只是生命长河里渺小的一滴水，所以，我们在每走出一步的时候，不要以结果论成败，最重要的是过程，是你在旅途中所能采撷的任何一朵小花。珍惜生活中所有的细小吧，或许每一种细微都代表一种成功。

一名员工在工作中的状况可以用"逆水行舟"来形容。任何人，只要停止了努力，那么他也就停止了进步。在这个竞争激烈的时代，停止进步就意味着退步，他永远不可能达到成功与优秀那一天。因为在他接近成功的时候，他又开始后退。

那么如何才能够克服这一点，以达到完美的境界呢？答案就是没有止境的努力和不断地超越，因为标准没有止境。

成功的标准并非像大多数人想象的那么狭窄，关键在于清楚究竟想要得到的是什么，而不是按照社会的标准来界定成功的定义。如果你只有单一的成功标准，则很可能为了达到这个目的而放弃甚至丧失一些做人的原则和乐趣，变成既没有亲人也没有朋友的最"成功"的商人。马克思说过："一个人通过自己的行动和努力，感受到自己的力量，看到了自己的内心，就会获得美的愉悦。"这句话完全可以是我们探讨广义成功标准的总纲，因为它的核心是说一个应该听从自己的本心去生活，去定义属于自己的成功的标准。

"成功"是一种向上、不停歇的精神。它从一个瞬间过渡到另一个瞬间、从一种状态过渡到另一种状态，从一种"完成"转向另一种"完成"。很多人在被问及自己对成功的定义时，都不能给出一个确定的答案，而只能以调侃的口气做答。曾有个观念，叫"成功不是和别人比，而是和自己比，每天要长高，每天要有进步"。可是人不可能节节升高不舍昼夜，我们不能拔苗助长；我们有属于自己的土壤，所以不必千里流徙寻找"移植空间"；我们有适合自己生长的季节，20岁做20岁的梦，25岁赚25岁的钱，30岁享受30岁的平和，所以舍不得未老先衰或老而劳作……

在西点军人看来，完美的标准就在于一种不断努力的过程。事实上很多人都不能够很好地理解标准没有止境这句话。他们在工作中都认为，只要做到了工作的全部要求，做到了工作的100分也就是达到了完美的状态。完美其实不是一种最终的结果，而是一种过程。在这种过程中，向完美进发的人对自我永远都处于不满足的状态中，他知道自己对于工作或者人生都是不完美的，即使自己在努力地按照要求来工作，但这对完美

来说还是不够。因为完美对应的是一种更高层次的人生境界。在这样的人生境界中，每个人都必须不断地努力才有可能获得进一步发展的机会。而那种自满骄傲，或者说认为仅仅按照要求做到了100分就认为成功的想法，在这样的精神境界中是没有地位的。拥有这样的精神境界的员工不会有自满与虚荣，只有不断地向更高层次冲击，使自己在这样一步步的努力中获得对自我的不断超越，　出对团队的巨大贡献。卓越员工的心态始终是始终不断地努力工作，以超越最好的工作业绩为目标；终身不断地学习以获得新的经验，体验新的人生境界；在工作中永远心怀谦逊。

没有勤奋努力便不可能有完美。世界上无数的成功与辉煌的业绩都是在勤奋中获得的。辛勤工作是无与伦比的。

著名的公众意见调查专家盖洛普与记者普罗克特完成了一个有关成功主题的广泛调查。他们用了极长的时间与列入《美国名人录》的名人面谈，这些名人成功的领域是各种各样的，几乎包括了商业、科学、艺术、文学、教育、宗教、军事等的所有领域。最后，他们把面谈结果编成了一本叫《美国伟大的成功故事》的主题丛书。面谈的内容包括不同的问题，比如家庭背景、教育、性格、兴趣、能力、宗教信仰、个人价值等。

而研究者的目标是要发掘这些高成就者的共同点。事实上，他们的回答都不尽相同，然而却又有一个共同点，就是长时间不断地辛勤工作。所有接受采访者都同意，成功并不是因为好运气、特殊才能带来的，而是因为他们通过极大的努力与坚定的决心取得的。他们没有去寻找捷径，也没有逃避辛勤的工作，他们反而喜欢辛勤工作，把它视为成功过程中不可缺少的一部分。他们一致认为真正的成功者是那些最配得到成功的人，每一个成功者都必须付出劳动的代价。没有止境的标准只有用没有止境的不断工作才能不断达到！

　　汤姆逊是一家咨询公司的员工。他受过很好的教育，才华横溢。但是他在这家公司工作很长时间了，却久久得不到提升。原来，他工作十分散漫、马虎，从未认认真真地把一件工作完整地做好过。他整日都在消磨时间，把精力都用来思考怎样逃过一项一项艰难的工作和应付上司的监督上。在工作时间，他虽端坐在自己的位子上，但他的心却不在此，他在想着头天晚上的球赛或晚上下班后都到哪里去玩。一旦工作推不过，不得不做时，他也是应付了事，根本不会考虑这样做会有

什么影响，或给公司造成怎样的损失。正是因为他不把公司放在心里，没有时刻想着公司，公司也把他"遗忘"了。所以，他直到现在还在做着平凡普通的工作，把自己的一生都耽误了。

所以，不管从事什么工作，有所投入才能有所收获。只要你还在一个工作岗位上，就应该安下心来，认真负责地完成这项工作。如果你能够养成职业的现任感，对自己的工作高度重视，你就会成为老板最信赖的人，将会被委以重任。否则，你只能收获平庸。

我们的成功标准，不是看定时空里的一个标靶，瞄准、射击！生命的旅途上，我们在变化，标靶自然也要随之变化。曾经崇拜景仰的，有一天忽然会觉得也不过如此。曾经熟视无睹的，有一天你可能会发现是上天恩赐的最美妙的礼物。成功并不代表你就可以高坐在一个静止的点上，夸夸其谈，我们所说的"成功"是一种向上的精神气质。它由一个又一个微不足道的细节串联而成，是绵延的状态而不是被量化的一个点，它又像一场马拉松循环赛，今天别人胜过我，明天我胜过别人，别人这个方面胜过我，我那个方面胜过别人，你追我赶、此消彼长，彼此制约与守衡。光阴的竞技场上，竞赛者难分伯仲，但只要奔跑着、跳跃着，便是成功。

　　"成功"是生活本身，"成功标准"是终有一天，不再有人指着某个标杆对未来的青年人说："这就是成功，你一定要这样才算成功。"因为我们不想为了"标准"而成功。尽管每个人所具有的天赋、所受的教育各不相同，但只要拥有自己的理想，在社会中找到属于自己的位置，就都能够成功。

完美是一种工作境界

积累平凡，追求卓越，这不仅是一种成功的习惯，更是一种重要的工作态度，是我们提高工作效能的一个重要保证。很难想象一个满足于现状、不思进取的人能够成为一个杰出的员工。

超越平庸、追求完美，在工作中的最突出表现就是永远不知满足。因为永远不知满足，所以在工作中才能够始终坚持积极进取、努力奋斗的精神，所以他们能够不断超越自我、完善自我，创造更大的成就。

"这个信念能够如变魔术一般引起人们对尽善尽美的狂热追求，当然，一个求全责备的完美主义者，几乎不可能成为一个让人感到舒服的人；一个要求人们达到完美的环境，也不会是一个舒适安逸的'乐居'。但是，追求完美的工作表现，一直是我们不断发展进步的一种驱动力。"小托马斯·沃斯如是说。

美孚石油总裁洛克菲勒的合作伙伴克拉克说："他有条不紊和细心认真到极点。如果有一分该归我们，他会争取；如果少给客户一分钱，他也要给客户送去。"

马克曾是美国阿穆尔肥料厂的速记员，尽管他的上司和同事都养成了偷懒的恶习，但马克始终保持认真做事、高度负责的良好习惯，他重视每一项工作，从来不玩忽职守。

一天，总裁阿穆尔让马克的上司编一本密码电报书，上司把这个任务交了马克。马克经过一番思考，别出心裁地编成一本小巧的书，并耐心地装订好。阿穆尔先生知道马克上司的做事习惯，自然知道不会是他做的，在收到电报密码本之后，阿穆尔看了看说道："这大概不是你做的吧？"

"呃——不……是……"马克的上司战栗地回答，阿穆尔先生沉默了许多。

过了几天以后，马克代替了上司的职位。

或许大家都有过类似的经历，只是觉得很正常而忽略过去

了。殊不知，看起来微不足道的一件小事，却体现着深刻的道理。试想，如果马克没有将这些平凡的小事做到完美的习惯，他能表现得如此尽职尽责吗？

在现实生活中，把工作做到最好，既有助于我们摆脱平庸、实现实完美，同时也有助于整个企业的迅速发展，企业也需要不断追求完美的卓越员工。

很多老板对那些自我满足的人都是很反感的，一家英国大报社老板，有一天和一个助理编辑谈话："你到这里来有多久了？"

"将近三个月。"那个助理答道。

"你觉得怎么样？你喜欢你的工作吗？对我们的办事程序熟悉了吗？"

"我很喜欢我现在的工作。"

"你现在的薪水是多少？"

"一星期5英镑。"

"你对现在的状况满意吗？"

"很满意，谢谢您！"

"啊，但是你要知道，我可不希望我的职员一星期拿了5

英镑，就觉得很满足了。"

　　老板后来发现那个助理满足现状，不思进取，工作也做得不好，就把他开除了。

　　世界上真不知道有多少人一辈子都一事无成，原因就是他们太容易满足了！找到了一份稳定的工作，终其一生总是拿那么一点点薪水，每天总是做着同样的事，一直到死。而他们竟以为人的一生所能获得的东西也就只能有这么多了。

　　大人物不喜欢听别人的奉承，他们只是以批判的态度来审视自己，把他们现在的地位和他所期待的状况来进行比较，并因此激励自己不断努力。

　　"现在的自己永远是有待完成的"，格斯特的这句话说的便是这个意思。格斯特经常在报纸上发表诗作，是深受全世界读者喜爱的一个诗人。他之所以会成功，很大一部分原因就是他能常常向上望着他理想中的自我，而不满足于现实中的自我。

　　他还说："在去年暑假里，我便是如此，我发觉我所希望的那个自我比现在的自我要聪明一些。在我那个远离城市喧嚣的乡间茅舍里，我列出了一个表，一方面写出我所要的东西，一方面写出我所不要的东西。……这个表使我的人生变得更丰富、更快乐。"

要求自己上进的第一步，是要让自己不满足于停留在现有的位置上。不满于现状的感觉可以帮助你迈出关键的第一步。

如果取得一点儿成就就感到十分满足，那你自身的能力很快就会受到束缚，你的事业也将不再前进。永远不知满足的卓越员工清醒而深刻地认识到了这一点，所以他们积极寻求完善自我、提升自我的方法，并且为了促进自身进步，不断做出努力。最终他们成功了，他们超越了平庸，完善了自我，成为激烈竞争中的优秀生。

太容易满足就会不思进取，企业的发展和进步需要更多积极进取的员工来实现，更多的成就和业绩需要那些不断超越自我的员工来创造。永远不知满足才能越超平庸，才能最终实现完美。

主动向高标准挑战

在工作上，做人要低调，做事则要高调。这里的高调指的是高标准，即以高标准要求自己的工作。

可口可乐的员工唐纳德做了不到两年就已经取得了很大成绩，职位也从普通员工上升为一个业务团队的负责人，这些成绩让他有些飘飘然起来。他觉得自己已经够优秀了，不需要再付出多少努力就能够稳步迈向高薪高职。就在他沾沾自喜时，公司突然进行了人员调整，他的职位受到了几位后起之秀的挑战，这些新员工个个业绩不凡，雄心勃勃，如唐纳德再不做出些业绩的话马上就会被人替代。想到这儿，唐纳德对自己之前

扬扬自得的心态变得非常懊恼，他马上开始重新为自己制订了一份高标准的业绩规划方案，然后全力以赴地投入到工作中。两个月后，他和团队的业绩明显大增，而且在他的影响下其他的团队也一个个奋起直追。九个月后，他们已为公司赚取了5300万美元的利润，而唐纳德则在年底当上了公司的销售经理。

如今，唐纳德已拥有了自己的公司。他每次培训员工时，一定要说："无论你们在什么位置，都不要满足，你的位置越高，对自己的要求就要越高，这样你才能永葆竞争力，才能走得更远。"

不断追求高标准，就是没有最好，只有更好。在工作中，如果你完成的每一项工作都达到了老板的要求，你可以称得上是一名称职的员工，但你很难给老板留下深刻的印象。只有把工作做到近乎完美，超过老板对你的期望，你才能让他的眼前一亮，才能让他在遇到一些高难度工作的时候想起你，给你一个锻炼的机会。

一位企业家在对新员工培训时说："当你和一批新员工一同跨入公司时，老板对每个人的期望都是一样，这时有些人达不到老板的要求，大部分人能够达到老板的要求，只有极少数人能超过老板的要求。"那些不能达到要求的人将很快被淘汰，大部分人将继续自己平淡的工作，而那极少数人会被单独叫进老板的办公室，老板会在正常工作之外给他们分配一些挑战性的工作，随着老板对他们的期望越来越高，给他们的机会也会越来越多，他们也能在这种环境中迅速成长。

市场是无情的，只有最优秀的企业才能够在市场上生存下来。老板要让企业优秀起来，就必须挑选最优秀的员工，那些不能用高标准要求自己的员工，都有被淘汰的可能。尤其是那些新近获得晋升的员工，更要严格要求自己，用新的标准来督促自己不断努力，如果你在高位置却保持低标准，不仅自己不能成功，你的下属，你的团队也会因此而丧失竞争力。要成为最优秀的职员，要想迈向成功，就必须养成事事不断追求高标准的习惯。

有什么样的目标，就有什么样的人生色彩；有什么样的追求，就能达到什么样的人生高度。在公司里，员工能够不断地超越自我，超越平庸，主动进取，主动向高标准挑战，才能取得职场上的成功，才会拥有精彩卓越的人生。

把工作做到"零缺陷"

在职场中，很多员工认为自己的工作太简单了，根本不值得全心投入，更不必花费太多精力，只要稍加敷衍就能做个八九不离十，只要上司看不出缺陷就算完成任务。

一位公司总裁说，中国员工最大的毛病就是做事虎头蛇尾，不认真，敷衍工作。每年，企业都不得不为弥补这些疏漏花费上百万资金。

敷衍工作的态度表面看来对个人没有什么影响，工资照样拿，混一天算一天。殊不知，这种做事方式不但会造成企业整体工作效率的下降，对个人的成长也极其不利。更有甚者，可能会把自己的前途搭进去，因为这种敷衍态度和"差不多"的思想很容易导致最后相差甚远的结果。

一位知青在回忆他的插队生活时谈到了这样一件事：

一个冬夜，在他插队的那个村，突然发生大火，大火映红了天，先是马棚被烧，然后，又殃及附近的大队部，空气里充满含糊的味道，还有房屋倒塌的声音。经过村民与知青的全力扑救，大火熄灭了，但村里的七匹成年马全部被烧死，11间房屋也被烧塌，而看管马棚的知青全身三度烧伤。

发生火灾的原因，是因为这位看管马棚的知青的疏忽，工作没有做到位。在调查这次大火的原因时人们发现，那晚他至少在七件事上都没做到位。

第一件事：那晚他并没有在马棚边上的值班室睡觉，而是睡在不远处的大队部，一边看着马棚，一边替大队部的人值班。马棚被他上了锁，钥匙本该放在马棚的石头下，以便其他看马人进出，他却把钥匙带在身上，以致火起时，人们找不到钥匙，他自己也忘了钥匙在身上，导致七匹马全被大火烧死。

第二件事：马棚里本来有电灯，不知道什么时候，他却弄了一盏老式马灯挂在马棚里，里边的煤油便成为那天夜里惹祸

的元凶。

　　第三件事：白天，他把两捆干草放在马棚里，夜里本该挪出去，使马棚里干净，可他没想到晚上会有风，更没想到马灯会被大风吹落，落在这两捆干草上。

　　第四件事：他入睡前，听到窗外起了风，可他疏忽了，没有摘下马灯。他确实看到马棚里的灯风中晃动，也觉得大风可能会把双层灯吹落了下来，可他还是扭头进了屋子。

　　第五件事：在大队部值班，马棚里要有动静，人同样能够听到，可那天晚上他喝了点酒——值班是不允许喝酒的，结果他睡得太死，马棚里的动静他没有听到。

　　第六件事：马棚边上有两口大缸，本来水是满的，就是为了用于灭火。可时间长了，有人用缸里的水干了别的事，他忘了及时向缸里补水。

　　第七件事：那天夜里他爬起来的时候，大火已经烧起来，他应该马上去敲钟，叫醒村里人一起救火。他忽略了，自己去救火，不但被烧伤，还延误了时间……

　　这七件事中，每件事他都觉得差一点就做好了，但毕竟是"差一点"，并没有做到位，这许多差一点儿累积下来，结果就是差很多。这就是差之毫厘，谬以千里。海尔集团总裁张瑞敏曾说过："如果训练一个日本人，让他每天擦六遍桌子，他一定会这样做；而一个中国人开始也会擦六遍，慢慢觉得五遍、四遍也可以，最后索性不擦了。这样每天工作欠缺一点，天长日久就成为落后的顽症了。工作中许多严重的问题其实都是平时没有做到位的小问题叠加起来造成的。"

要避免这些不好的结果产生，就必须摒除敷衍的态度，切实把工作做到职责本身所要求的标准，把工作做到"零缺陷"。

把工作做到"零缺陷"就是要把工作做到位，这是每一个员工必须要做到的事。在工作中，每个人都有自己的职责，每个人都必须不打折扣地履行职责，这样才不会影响其他人的工作，才不会对大局产生不利的影响。

在数学上100减1等于99，而在日常生活和工作中，在企业经营中，100减1却可能等于0。

一百次决策，有一次失败，可能让企业关门；一百件产品，有一件不合格，可能失去整个市场；一百个员工，有一个背叛公司，可能让公司蒙受无法承受的损失；一百次经济预测，有一次失误，可能让企业破产……

同时，消费者消费意识的提高，对产品质量要求的提升也让产品"零缺陷"势在必行。一位企业经营者说过："如今的消费者是拿着'显微镜'来审视每一件产品和提供产品的企业的。在残酷的市场竞争中，能够获得较宽松生存空间的企业，不是'合格'的企业，也不是'优秀'的企业，而是'非常优秀'的企业。"

在我国的企业中，海尔的"零缺陷"标准也为其他众多企业树立了典范。

一位管理专家一针见血地指出，从手中溜走1%的不合格，到用户手中就是100%的不合格。企业要赢得利润，就需要员工自学改正工作不认真的态度，为自己的工作树立严格的标准。要自觉地由被动管理到主动工作，让规章制度成为自己的自觉行为，让工作"零缺陷"，为企业创造更大的利润，为自己创造一个更有发展潜力的生存空间。

张瑞敏和当时任总工程师的杨绵绵承担了责任，扣罚了自己当月的工资。这一砸，砸出了工人的质量意识。海尔后来的"零缺陷"观念正是从这里开始树立起来的。

立即行动

　　在我们的工作与生活中，我们不要等待奇迹发生才开始实践你的梦想。今天就开始行动！如果你想在一切就绪后再行动，那你会永远成不了大事。因此，如果你想取得成功，就必须先从行动开始。狄斯累利曾指出："虽然行动不一定能带来令人满意的结果，但不采取行动就绝无满意的结果可言。"所以说，有机会不去行动，就永远不能创造有意义的人生。人生不在于有什么，而在于做什么。身体力行总是胜过高谈阔论，经验是知识加上行动的成果。若想欣赏远山的美景，至少得爬上山顶。就像我们要吃到美味的面包，就必须自己动手去做

一样。生命中的每个行动，都是日后扣人心弦的回忆。但是，在现实生活中，每天都会有很多人把自己辛苦得来的新构想取消，因为他们不敢行动。

一位企业家说："我一生事业之成功，就在于克服拖延，立即行动。就在于每做一件事，都提早一刻钟下手。"如果我们这样做，哪怕我们现在有了新构想，如果过了一段时间，这些构想又会回来折磨我们。那么，面对这种情况我们怎么办呢？我们只有赶紧行动，只有朝着目标前进，不要左顾右盼，不要犹豫不决，不要拖延观望，才能做出好成绩。

《干得好，格兰特》一书的作者曾在该书中写道：人们往往因为道理讲多了，就顾虑重重，不敢决断，以致于错失良机，甚至坐以待毙都不在少数。正是有了这么多的"思想上的巨人，行动上的矮子"，才有了那么多的自叹自怨的人。他们常常抱怨，自己的潜能没有挖掘出来，自己没有机会施展才华。其实他们都知道如何去施展才华和挖掘潜能，只不过没有行动罢了。他们也明白，思想只是一种潜在的力量，是有待开发的宝藏，而只有行动才是开启力量和财富之门的钥匙。

让自己行动起来也是一种能力。如果你想调换工作，如果需要接受特殊的职业教育训练，你就要马上报名去参加，缴学费、买书、上课，并且认真做功课。如果你想学油画，那你就先找到适合你的老师，购买需要的画具，然后开始练习作画。如果你想要施行那你就现在开始安排行程，着手规划。无论你的人生难关是什么，你今天就可以开始行动，并且坚持不懈。

在我们每个人的生命历程中，都有着种种憧憬、种种理想、种种计划，如果我们能够将这一切的憧憬、理想与计划，迅速地加以执行，那么我们在事业上的成就不知道会有怎样的伟大。然而，人们往往有了好的计划后，不去迅速地执行，而是一味地拖延，以致让一开始充满热情的事冷淡下去，使幻想逐渐消失，使计划最后破灭。

看看那些没有成功的人，其实仔细分析他们失败的原因，我们就会发现，他们完全知道自己要走向成功必须做什么，但他们迟迟不愿采取行动，结果他们得到的就是失败。所以我可以坦率地对大家说，成功的秘密是这样的：不要只是想着采取行动，而是要行动！只要我们每天能够克服拖延，立即行动，成功就属于我们。

行动才能成功

在我参加国际企业战略网组织的一次企业论坛时，主持人在开始的时候，就跟我们开了一个小小的玩笑。在会议一开始，主持人就直奔主题地对大家说，"各位来宾，各位领导，现在我想请大家都站起来看看自己的四周，看看有什么发现。"

主持人讲到这里，神秘地对大家笑了笑，然后用一种奇怪的眼神看着大家。见此情景，全体参会人员都感觉到很纳闷，但还是陆陆续续地站了起来，莫名其妙地东张西望。不一会儿，有人就大声地说在桌子下面找到50元人民币。然后，就不断地有人说在椅子上、桌子里、地板上等地方找到了钱。最多的有100元，最少的也有20元。正当大家诧异的时候，这位主持人又拉开了话题，他接着问："朋友们，现在你们手中都得到了自己应该得到的东西，但我想问问大家，你们明白我让大家做这个游戏的内涵吗？"

主持人讲到这里，接着就有人回答道："我知道，你想要表达的意思是，如果我们坐着不动，我们就不会有所收获。刚才你让我们动了起来，我们就一定会有所收获。"

还有的回答道："从这个游戏中，让我感受到了立即行动的重要性，让我感受到了原来我们的成功就来源于两个字：行动。"

事实如此，看看我们所取得的每一次成功，哪一点离开了行动呢？的确，我们的每一次成功都源于行动，人们常说，心动不如行动。只要我们想到了就立即付诸行动，我们就会很快地有所收获。

国际企业战略网总裁张其金曾经讲过这样的话："在一个企业组织里，为什么有的员工会取得很大的成绩，只要你看看他们所取得成功的过程，你就会发现，那些被认为一夜成名的员工，其实在成功之前，他们已经思考了很长的一段时间，当他们思考成熟时，他们就立即采取行动，结果走向了成功的巅峰。"

　　这是多么经典的话呀！职业测评家费特隶说："成功是一种努力的累积，不论何种行业，想攀登上顶峰，通常都需要漫长时间的努力和精心的规划。"看看我们身边的朋友，他们的成功，何尚又不是早已默默无闻地努力了很长一段时间。如果说到我自己的成功，在很大程度上得益于我始终保持着一种主动率先的、立即行动的精神。

　　同样的道理，在一个公司里，如果我们的员工都能够保持主动，时刻把心动不如行动永记心中，让工作成为一种追求，这样，纵使面对缺乏挑战或毫无乐趣的工作，也终能最后获得回报。当新员工养成这种立即行动的习惯时，他就有可能成为企业领导者和部门管理者。那些位高权重的员工就是因为他们以行动证明了自己勇于承担责任、值得信赖。

　　马林先生在《再努力一点》这本书中曾这样写道："心动不如行动。希望什么，就主动去争取，去促成它的发生。我们无法指望别人来实现我们的愿望，也不能指望一切都已经成熟，然后轻松去摘取果实。永远不会有这样的事发生，我们要彻底打消这样的念头。"

　　从这个角度来讲，无论我们做什么事，都要有一种积极主动的意识，我们要相信一点：成功完全是自己的事，没有人

能促使一个人成功，也没有一个人能阻挠一个人达成自己的目标。只有把我们想要办的事付诸行动，我们才能走向成功。

在公司中，每一个渴望成功的员工在每一项工作中都要倾听和相信这一点，你可以使自己的生活好转起来，就从今天开始，就从现在工作开始，而不必等到遥远的未来的某一天你找到理想的工作再去行动。

有一个学电子专业的大学生，毕业时被分配到一个让许多人羡慕的政府机关，干着一份十分轻松的工作。然而时间不长，年轻人就变得郁郁寡欢。原来年轻人的工作虽轻松，但与所学专业毫无关系，空有一身本事却无用武之地。他想辞职外出闯天下，但内心深处却十分留恋眼下这一份稳定又有保障的舒适工作。要知道外面的世界虽然很精彩，可是风险也大呀！经过反复思量他仍拿不定主意，于是他就将心中的矛盾讲给了父亲。他的父亲听后，给他讲了一个故事：

有一个乡下老人在山里打柴时，拾到一只很小的样子怪怪的鸟。那只怪鸟和出生刚满月的小鸡一样大小，也许因为实在太小了，它还不会飞。老人就将这只怪鸟带回家给小孙子玩耍。

老人的小孙子很调皮，他将怪鸟放在小鸡群里，充当母鸡

的孩子，让母鸡养育着，母鸡果然没有发现这个异类，全权负起一个母亲的责任。

怪鸟一天天长大了，后来人们发现那只怪鸟竟是一只鹰，人们担心鹰再长大一些会吃鸡。然而担心是多余的，那只鹰一天天长大了，却始终和鸡相处得很和睦。只有当鹰出于本能在天空展翅飞翔再向地面俯冲时，鸡群才会引起片刻的恐慌和骚乱。

时间久了，村里的人们对于这种鹰鸡同处的状况越来越看不惯，如果哪家丢了鸡，首先便会怀疑那只鹰，要知道鹰毕竟是鹰，生来就是要吃鸡的。愈来愈不满的人们一致强烈要求：要么杀了那只鹰，要么将它放生，让它永远也别回来。

因为和鹰相处的时间长了，有了感情，这一家人自然舍不得杀它，他们决定将鹰放生，让它回归大自然。然而他们用了许多办法，都无法让那只鹰重返大自然。他们把鹰带到村外的田野上，过不了几天那只鹰又飞回来了，他们驱赶它不让它进家门，他们甚至将它打得遍体鳞伤……许多办法试过了都不奏效。最后他们终于明白：原来鹰是眷恋它从小长到大的家园，舍不得那个温暖舒适的窝。

　　后来村里的一位老人说："把鹰交给我吧，我会让它重返蓝天，永远不再回来。"老人将鹰带到附近一个最陡峭的悬崖绝壁旁，然后将鹰狠狠向悬崖下的深涧扔去，如扔一块石头。那只鹰开始也如石头般向下坠去，然而快要坠到涧底时，它只轻轻拍了拍翅膀，就飞向蔚蓝的天空。

　　它越飞越自由舒展，越飞动作越漂亮。这才叫真正的翱翔，蓝天才是它真正的家园呀！它越飞越高，越飞越远，渐渐变成了一个小黑点，飞出了人们的视野，永远地飞走了，再也没有回来。听完父亲讲的故事，年轻人痛下决心，辞去公职外出闯天下，终于干出了一番事业。

　　从这个故事里，我们得到了什么样的启示呢？其实这个故事就是告诉我们：每个人都有自己的天赋，都有适合自己发挥能力的地方，每个员工都有机会。我们不要埋怨自己的弱势和缺陷，而要把注意力集中在自己的优势上面，并能够立即采取行动，我们就能够走向成功的巅峰。